氮素利用效率

——农业和食物系统中的氮素利用指标

欧盟氮素专家组◎编写

白由路◎译

U0313280

中国农业科学技术出版社

图书在版编目（CIP）数据

氮素利用效率：农业和食物系统中的氮素利用指标 / 欧盟氮素专家组编著；白由路译 . —北京：中国农业科学技术出版社，2018.8

ISBN 978-7-5116-3804-5

Ⅰ . ①氮… Ⅱ . ①欧… ②白… Ⅲ . ①土壤氮素－肥料利用率－研究 Ⅳ . ① S153.6

中国版本图书馆 CIP 数据核字（2018）第 168775 号

责任编辑　穆玉红
责任校对　马广洋

出 版 者　中国农业科学技术出版社
　　　　　　北京市中关村南大街 12 号　邮编：100081
电　　话　（010）82109707 82106626（编辑室）（010）82109702（发行部）
　　　　　　（010）82109709（读者服务部）
传　　真　（010）82109709
网　　址　http://www.castp.cn
发　　行　全国各地新华书店
印 刷 者　北京富泰印刷有限责任公司
开　　本　880 mm×1 230 mm　1 /32
印　　张　2.625
字　　数　60 千字
版　　次　2018 年 8 月第 1 版　2018 年 8 月第 1 次印刷
定　　价　29.00 元

氮素利用效率
——农业和食物系统中的氮素利用指标

Nitrogen Use Efficiency (NUE)
—an indicator for the utilization of nitrogen in agriculture and food systems

Nitrogen Use Efficiency (NUE)

—an indicator for the utilization of nitrogen

in agriculture and food systems

Prepared by the EU Nitrogen Expert

Panel Oenema O, Brentrup F, Lammel J, Bascou P, Billen G, Dobermann A, Erisman JW, Garnett T, Hammel M, Haniotis T, Hillier J, Hoxha A, Jensen LS, Oleszek W, Pallière C, Powlson D, Quemada M, Schulman M, Sutton MA, Van Grinsven HJM, Winiwarter W.

欧盟氮素专家组简介

肥料欧洲（Fertilizer Europe）邀请来自欧洲的科学、政策和工业界的关键人士成立了欧盟氮素专家组。专家组的总体目标是帮助改善欧洲食物体系中的氮素利用率，主要途径是：① 表达改善欧洲农业和食物系统中氮素利用效率的愿景和对策；② 提出新思路和有效的建议与解决方案；③ 仲裁争议性问题；④ 与权威部门就氮素问题进行沟通。

该小组于 2014 年 9 月 15 日至 16 日在英国温莎首次集会，商定将这里介绍的氮素利用率（NUE）作为国家尺度上的农业生产指标。专家组成员来自 9 个欧盟国家，其中有 12 位来自自然科学界，4 位来自政策界，3 位来自产业界。2015 年 6 月 11—12 日，专家组在法国尚蒂伊（Chantilly）举行第二次会议，并在报告整体框架上达成共识。本书是根据 2015 年 12 月 4 日在阿姆斯特丹举行的第三次会议最后确定的报告进行翻译的。

欧盟氮素专家组发布

2015.12

秘书处：Wageningen University, Alterra, PO Box 47, NL-6700
Wageningen, Netherlands
网　　站：www. eunepp.com
电子邮件：Oene.oenema@wur.nl

推荐引文

EU Nitrogen Expert Panel (2015) Nitrogen Use Efficiency (NUE) - an
indicator for the utilization of nitrogen in agriculture and food systems.
Wageningen University, Alterra, PO Box 47, NL-6700 Wageningen,
Netherlands.

作　者

Oenema O, Brentrup F, Lammel J, Bascou P, Billen G, Dobermann A,
Erisman JW, Garnett T, Hammel M, Haniotis T, Hillier J, Hoxha A, Jensen
LS, Oleszek W, Pallière C, Powlson D, Quemada M, Schulman M, Sutton
MA, Van Grinsven HJM, Winiwarter W.

目　录

摘　要

全球粮食生产的主要资源（土地、土壤、水、生物多样性、一些营养元素）是有限的，有些甚至是稀缺的。而且，浪费资源往往对社会和环境造成危害。在未来的几十年中，由于世界人口的增长和食物消费结构的变化，造成自然资源的压力增大，所面临的风险增加。

在食物生产中，就需要进行资源使用效率的交流，有必要提高营养物质的利用效率。这尤其适用于氮素。氮素是生命不可或缺的主要营养元素，它在植物的氨基酸（蛋白质）、核酸和叶绿素合成中需要量相对较大，然而，过量氮的污染又威胁到我们的健康与环境。

欧盟氮素专家组的目标是致力于提高食物生产中的氮素有效利用率，在这里，我们提出了一个易于在农业和食物生产—消费系统中使用的"氮素利用效率"（NUE）指标。它是基于质量平衡原理，即使用氮输入和氮输出数据进行估算：

氮素利用率（NUE）= 氮输出 / 氮输入

氮素利用率（NUE）的值需要表达生产率（氮输出）和氮盈余（即，氮输入和收获物中氮输出之间的差值）之间的关系。

为了估算氮素利用率（NUE）并交流其结果，所需的数据和信息有：① 输入到系统中的总氮量和收获物中氮的输出量；② 系统的性质（例如农场、作物系统、畜舍系统、食物加工和分配系统）及其边界；③ 分析的时间跨度；④ 系统中氮储量的可能变化。氮素利用率（NUE）指标很容易通过输入－输出二维图表现出来。这样可以以统一的方式与可能的参考或目标值一起表达氮素利用率（NUE）、氮输出和氮盈余（见图）。

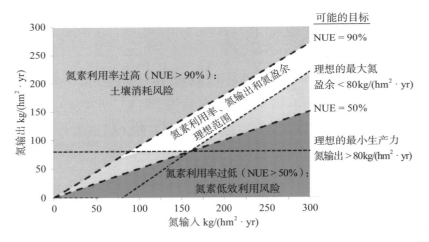

图　氮素利用效率（NUE）指标的概念框架

注：图中所示的数字说明了一个示例系统，并且将根据背景（土壤、气候、作物）的变化而变化。对角线的楔型斜率代表在 50% 和 90% 之间的期望氮素利用率（NUE）范围：较低的值会加剧氮污染，而较高的值则有土壤氮储量消耗的风险。水平线是示例种植系统中的最低生产力水平期望。附加对角线表示最大氮盈余限制，以避免实质性的污染损失。这个组合标准用于确定最理想的结果范围

本书中用 4 个不同的例子来解释氮素利用率（NUE）的概念。

（1）在农田尺度上，利用了 4 种不同氮肥试验的数据。

（2）作物生产系统是根据不同欧盟成员国的 1961—2010 年的数据。

（3）农业土壤中表观氮平衡是采用欧盟经合组织和欧盟统计局的欧盟成员国数据重新计算的。

（4）种养一体化的农牧系统（奶牛场）的氮素利用率（NUE）的变化分析周期在 15 年以上。

最后讨论一章的结论指出，这里提出的氮素利用率（NUE）指标是一个简单、有效和灵活的概念。它可以使决策者检验农场之间、特定系统之间、国家之间以及年际之间的氮素利用率（NUE）差异，可以确定技术进步和政策措施的效果。因此，氮素利用率（NUE）可以作为一个有价值的指标来监测与粮食生产和环境挑战有关的可持续发展情况。考虑到氮素过量与不足的双重限制，氮素利用率（NUE）指标有助于改善氮素在食物链中的利用效率。为了进行适当的比较，就需要一个明确认可的方法以统一数据信息收集、处理和报告编写。

氮素利用效率影响了最近提出或定义的很多有关 2015 年以后的可持续发展目标（SDGs），为了达到这个目标，具体的目标、路径和指标需要在国家及以下尺度上进行研讨。

这里建议的氮素利用率（NUE）指标适用于真实目标的设定和进展的监测，特别是关于 SDG 2（食物和营养安全）、SDG 12（可持续消费和生产）、SDG 14（海洋生态系统）和 SDG 15（陆地生态系统）。

1 引 言

　　氮素是生命不可或缺的，并在生产中起着重要作用。氮素和水均是世界作物产量的重要限制因子 (Mueller *et al.*, 2012)。这就是农民为什么要施用氮素肥料的原因。20 世纪 50 年代以来，氮肥在一些发达国家使用越来越普遍，最近几乎在全世界都是这样 (Smil, 2000)。然而，过多的氮会导致污染，它对生态系统和人类健康都产生有害影响（背景知识 1）。因为农业是世界上氮素的最大用户，因此氮素管理，特别是农业中的氮素管理尤为重要。农业中氮素管理的目标是同时达到农艺目标（提高农民收入和作物与动物生产力）和环境目标（减少氮素损失）。然而，由于氮素循环十分复杂（背景知识 2）且氮素容易从农业损失到环境中，所以，氮素管理并非易事。

　　指标在管理和政策中起着关键作用（背景知识 3）。指标需要有一个分析法的坚实基础和依据。因为管理者和政策制定者都需要可靠的数据和信息以及一个有力的工具能进行正确的分析、决策和管理。氮素利用率（NUE）是农业中的一个关键指标，但是，目前还没有一个统一的、稳健的方法和规则来进行估算和使用。一些研究估算了作物生产、动物产生和整个食物系统中的氮素利用率，但是这些研究经常使用不同的概念、不同的系统边界、不同的尺度、不同的输入数据且利用的假设也不同。

　　到目前为止，大部分研究都是在作物生产系统中进行 (e.g., Mosier *et al*., 2005; Ladha *et al*., 2005; Dobermann 2005, 2007; Johnston and Poulton, 2009; Fixen *et al*., 2014)。附件 1 对农田尺度上作物生产中常用氮素利用率指标进行了归纳。在动物生产中，强调的往往是饲料转化率，即单位动物产品所需的饲料量。另一些研究已经验证了饲料氮转化为肉蛋奶中蛋白氮的比例 (e.g., Nevens *et al*., 2005; Powell *et al*., 2010; Bai *et al*., 2014)。此外，一些研究也关注食物系统和整个食物生产—消费链系统的氮素利用率（NUE）(e.g., Bleken and Bakken, 1997; Galloway and Cowling, 2003; Ma *et al*., 2012; 2014; Sutton *et al*., 2013)。也有一些对整个经济发展中的氮素利用率（NUE）指标感兴趣，以使不同经济部门的贡献得到认可，这是经合组织（OECD）所开创的一个领域（Bulekk *et al*., 2013）。

　　不同定义和不同方法来估算氮素利用率（NUE）会有不同的结果，这使得进一步的分析和比较变得很复杂。显然，这就需要对氮素利用率（NUE）有一普遍接受的定义和方法来估算氮素利用率（NUE），这样就可以在实践中进行应用。

　　这个报告的研究目的是提出和通过一个易于使用的氮素利用率（定义和方法）指标以期能在实践和决策中用于估算氮素利用率（NUE）。鉴于欧盟氮专家组的任务，报告侧重于农业和食物系统。然而，这项工作也同时有助于在整个经济发展中氮素利用率（NUE）指标确定。这里建议的氮素利用率（NUE）指标可用于所有农业和食物系统。这个统一和易于应用的概念可以使得氮素利用率（NUE）在不同系统之间进行比较，也可以用于不同国家间、不同年份间特定系统的比较。氮素利用率（NUE）指标还可以用于估算实际氮素利用率（NUE）和目标氮素利用率（NUE）之间差距。目标氮素利用率（NUE）是通过最佳管理措施和有效的田间试验数据获得的。这个报告论述了氮素利用率（NUE）指标的概念和理论基础。

背景知识 1　氮素对生命是必需的，但过多也有害

营养元素是食物、饲料和生物燃料生产的重要资源，仅次于能源、二氧化碳、水、生物多样性、劳动力、资本和管理。植物需要 14 种营养元素，以一定的数量来维持植物的生长和发育。动物和人类需要 22 种营养元素，也是以一定的数量来维持其适当的生长和发育。

氮（N）是一种主要的营养元素，在植物的氨基酸（蛋白质）、核酸和叶绿素生产中需要相对较大量的氮。氮素在土壤、空气和水体中以不同的形式存在，但只有几种氮的形态可直接被植物根系吸收。氮的有效性经常限制着食物、饲料和生物燃料的产量；它是世界上主要限制生物质产量的元素之一。

100 多年前，哈勃 - 博斯（Haber-Bosch）合成氨技术的发明使得从大气中的氮气（N_2）大规模生产合成氮肥成为可能，它也标志着全球氮素循环的重大变化。从 20 世纪后半叶开始，相对廉价的氮肥进入市场，尤其是在富裕国家。氮肥用量的增加极大地促进了全球日益增加的人口和动物对粮食、饲料和生物燃料生产的需要（Smil，2000）。

　　全球氮肥用量从 1961 年的 1 000 万吨增加到 2012 的 1.1 亿吨（图 1），但洲际之间差异很大。在过去的十年中，非洲氮肥的使用量惊人地达到每年 100 万 ~200 万吨的水平，而在过去的 30 年中，亚洲氮肥的用量平均每年增加 200 万吨。1950 年到 1990 年间，欧洲氮肥的用量迅速增加，但此后稳定在每年约 1 000 万吨水平 (Erisman et al., 2008; Sutton et al., 2011; Sutton et al., 2013)。欧洲 1990 年左右的氮肥快速下降主要是由于中东欧的政治体制改革。1990—2010 年欧洲化肥使用量缓慢下降也与欧盟农业环境政策有关。

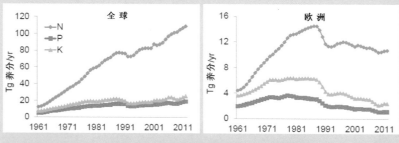

图 1　1961—2011 年世界和欧洲 NPK 肥用量变化

　　在过去的 100 年间，主要是通过豆科作物（豆类、三叶草和紫花苜蓿）的生物固氮、能源燃烧向大气中 NO_x 排放和 N 沉降的增加、动物粪肥的增加、工业和家庭中残留物和废弃物的增加，农业中氮的有效性也在增加 (Herridge et al., 2008; Davidson, 2009; Sutton et al., 2013)。

　　农业中氮的充分供应也增加了氮向空气和水体等外部环境的流失。通过不同氮素形态（背景知识 2；例如 NH_3，N_2，N_2O，NO，NO_3^-）向环境的排放可能导致人类健康问题和生态系统退化。氨

（NH_3）的挥发、硝酸盐的淋溶（NO_3^-）、以及硝化和反硝化反应产生的氮气（N_2）排放、氧化亚氮（N_2O）和氮氧化物（NO）排放是农业系统和食物系统中氮的主要损失途径。这些氮形态（除 N_2 外）通常被称为"活性氮"，因为它们参与生物学、光化学和/或辐射活动等过程。这些活性氮对人体健康和环境效应可能包括：由于 NH_3 和 NO_x 排放引起的颗粒物（PM 2.5）和烟雾、NH_3 的植物损伤、NO_x 引起的对流层臭氧减少、NH_3 和 NO_x 沉降造成的自然区域物种多样性减少和土壤酸化，硝酸盐淋失造成的地下水和饮用水污染，地表水体富营养化导致的藻类大量繁殖使物种多样性减少，N_2O 的排放造成的全球变暖和平流层臭氧减少等（Galloway et al., 2008; Sutton et al., 2011）。

背景知识 2　氮素循环

　　氮素以不同的形式出现，可从一种形式转化为另一种形式（图 2）。分子态氮（N_2）是大气的主要组成成份，也是地球上数量最大的氮素形态。只有少数微生物有利用 N_2 的能力，可将其转化为有机结合形态的氮。哈勃－博斯（Haber-Bosch）的合成氨技术就是通过物理化学方式将氮气（N_2）转化为合成氨（NH_3/NH_4^-），NH_3/NH_4^- 可以被植物吸收（同化）。随着植物和有机体的衰老，有机态氮重新转化为 NH_3/NH_4^-（通过矿化作用）。自养型细菌可以通过硝化作物利用含在 NH_3/NH_4^- 中的能量。这样，氮的氧化状态就从 –3 价的铵盐（NH_3/NH_4^-）增加到了 +5 价的硝酸盐（NO_3^-）。NO_3^- 可以被植物吸收（同化）或者在厌氧环境中由异养型细菌的反硝化转变成一氧化二氮（N_2O）和氮气（N_2）。分子态氮也可能是化学自养型细菌在深海通过厌氧氨氧化（厌氧氨氧化：
$NH_4^+ + NO_2 \rightarrow N_2 + 2H_2O$）形成的。

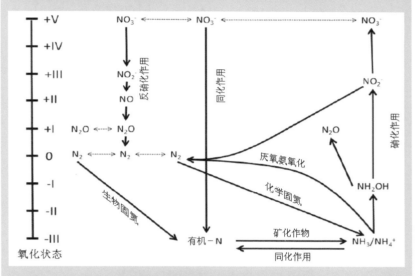

图 2　N 循环过程中氮氧化状态的相应变化

注：氧化状态（垂直）范围从 +5 价的硝酸盐（NO_3^-）至到 +3 价的亚硝酸盐的（NO_2^-），再到 +2 价的氮氧化物（NO），再到 + 1 价的氧化亚氮（N_2O），再到 0 价的氮气（N_2），再到 -3 价的铵盐（NH_4^+）、氨气（NH_3）和胺（$C-NH_2$）。在地球表面，NH_3、N_2、N_2O、NO、NO_x 常温下为气态；NO_3^-、NH_4^+ 和一些有机氮（DON）易溶于水。这就使得 N 可 "双移动"（Smil, 2000）.

图 3 显示了全球氮循环的定量状况，在大气、陆地和海洋生物
圈之间的大量氮循环是通过气态形式进行的。

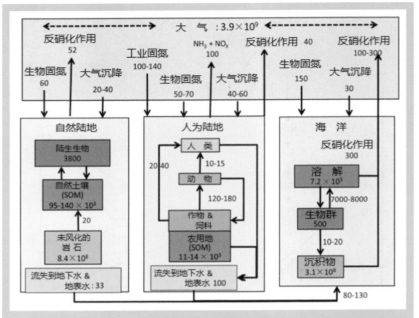

图 3　全球氮循环

注：本图显示了大气和自然陆地区域之间，人类活动区域（农业＋工业＋城市）和海洋区域间的氮优势流。箭头指示氮流动的大致数量，单位为每年百万吨氮。方框中的数字指的是该领域氮库的大小，单位为百万吨氮。注意，氮从人为源输送到自然陆地和海洋区域主要是通过大气和河流发生的。一些流量的量级很不确定。数据汇编根据 Smil (2000), Fowler *et al* . (2013), Schlesinger and Bernhardt (2013).

背景知识 3　政策措施和指标的作用

　　从 20 世纪 90 年代初开始，为了减少农业氮排放对环境的影响，欧盟已经出台了一系列政策措施。这些政策措施中有一些还是有效的，而其他一些措施的效果还未显现（Sutton *et al.*, 2011）。从 2005 年开始，通过政策规范和农村发展计划的双重作用，这些农业－环境政策逐渐融入了欧盟共同农业政策中，从 2014 年开始，还通过了共同绿色农业政策。这些政策的发展历程表明氮素是两个主要社会问题的核心，即粮食安全和环境可持续发展。

预测表明，未来几十年中，因为人口的增长、饮食结构的改变和生物经济的发展，将需要更多的粮食、饲料、纤维和生物燃料（Alexandratos and Bruinsma, 2012）。尽管欧盟（EU）在未来几十年中人口数量、饮食中的动物源蛋白含量不会有很大增加，但是欧洲还会感觉到来自全世界的资源压力。优质的土壤、水、生物多样性和各种营养元素的资源都是有限的，世界上存在着对这些资源的竞争性需求。

为了确保可持续食物、饲料和生物燃料系统就需要提高资源利用效率、减少浪费（SDSN, 2013）。在"走向循环经济：欧洲零废物计划"（COM, 2014, 398）中，欧盟委员会表示，需要努力提高资源利用效率，提高资源效率可以带来重大的经济和环境效益。

早些时候，欧盟委员会制定了"生物经济战略"（COM, 2012, 60），以可持续和综合利用生物资源和废液来生产食物、能源和生物基产品。循环经济战略和生物经济战略有助于实现欧洲 2020 最重要的一个倡议"创新联盟"和"资源节约型欧洲"（COM, 2011, 21）的目标。提高资源效率也被视为通过减少材料和能源消耗来控制成本和提高竞争力的机会。

为了监测包括实现高资源利用效率（SDSN, 2015）的新的可持续发展目标（SDGS），就需要基于证据建立稳健的目标和指标。这些指标必须源自于统一和易于使用的方式，以允许进行无偏比较、简化和促进国家尺度上数据收集与报告编写，提高数据的可靠性和一致性。采用共同指标也将有助于更好地进行产业和政策的监测与示范。

表 1 列出了欧盟统计局和欧洲经济区（EEA）采用的评价欧盟 28 国农业措施的 28 个主要农业—环境指标，与本报告相关的指标用蓝色加强。

表 1　28 个农业—环境指标（AEIs）COM（2006）508

编号	指标标题（AEI）	编号	指标标题（AEI）
1	农业环境承诺	14	土地撂荒风险
2	Natura 2000 的农业区	15	表观氮平衡
3	农民的培训水平	16	磷污染风险
4	有机农业区	17	杀虫剂风险
5	矿质肥料消耗	18	氨排放
6	杀虫剂消耗	19	温室气体排放
7	灌溉	20	用水量
8	能量使用	21	土壤浸蚀
9	土地利用变化	22	遗传多种性
10.1	种植类型	23	高自然价值农田
10.2	养殖类型	24	可再生能源生产
11.1	土壤覆盖	25	农田鸟类种群动态
11.2	耕作措施	26	土壤质量
11.3	粪肥存贮	27.1	水体质量—硝酸盐污染
12	集约化 / 粗放化	27.2	水体质量—杀虫剂污染
13	专业化	28	农田景观—状态与多样性

2 氮素利用率（NUE）的概念

我们提出一个易于使用的氮素利用率（NUE）指标，它可适合于所有农业系统[1]和食物系统[2]。这里使用的氮素利用率（NUE）是基于质量平衡原理（图4），也就是利用氮输入和氮输出数据进行计算：

氮素利用率（NUE）= 氮输出 / 氮输入

图 4 系统输入输出的质量平衡概念

经系统内库存可能变化校正之后，总输入和总输出必须平衡。注意，（氮）的损失在这个图中没有显示.

---

1 农业包括所有与作物和动物生产有关的活动。农业或种植系统通常被定义为个体农场群，它们具有广泛相似的资源基础、企业模式、家庭生活和约束条件，对它们来说，有适当的类似发展策略和干预措施。根据分析的尺度，农业系统可以包括几十或数百万个家庭。主要区别通常是在（i）专门的作物生产系统，（ii）专门的动物生产系统，和（iii）混合生产系统之间。（http://www. fo.org/Farmingsystem）.

2 食物系统包括所有涉及食物的生产、加工、运输和消费的活动。因此农业是食物系统的一部分。食物系统还包括在每个步骤中所需的输入和产生的输出。食物系统的内部运作受到社会、政治、经济和环境的影响.

农业和食物系统中氮是开放的，也就是说，氮逃逸的机会很多（图5）。因此，食物系统中输入—输出质量平衡实际上比图4所示的更为复杂。然而，质量平衡的原理是相同的，与系统无关。在农业系统中，只有氮输入的一部分最终进入了所收获的产品中；其余部分被浪费到了大气、水体或累积（暂时）在系统中。在这种情况下，质量平衡可理解为：

氮输入 = 氮输出 + 氮损耗 + 氮库变化

这里给出的氮素利用率（NUE）指标仅表示收获农产品中的氮输出，对作物生产系统而言，作物收获物中的氮输出可以认为是从土壤中移走的。对动物生产系统而言，氮输出可以是肉蛋奶或羊毛。对混合生产系统而言，作物和畜产品都包括其中。

这里：

氮素利用率（NUE） = 收获物中氮输出 / 氮输入

氮素利用率（NUE）依赖于系统及其管理；随着收获物中氮输出的增加而增加，或随氮输入的减少而增加。相反，当收获物中氮输出相对较低时，或氮输入相对较高时，氮素利用率（NUE）降低。理想的情况是收获物中高氮输出结合高氮素利用率（NUE）及低氮盈余（氮输入与氮输出之间的差值），但可能有许多组合。因此，为了正确表达氮素利用率（NUE）的意义，氮素利用率（NUE）应与收获产品中的氮输出（作为系统生产率指标）和氮盈余（作为氮损失到环境中潜在代表）一起记录。此外，还应包括系统中可能的氮积累与损耗。例如，由于系统中土壤氮的矿化（释放），收获物中的氮输出在几年内可能是高的，而氮输入暂时可以减少。相反的情况也可能存在，由于系统中的氮累积，收获物中氮输出低而氮输入则相对高。

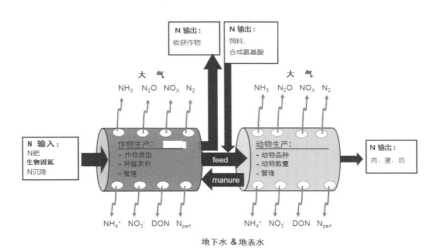

图5　种养一体化生产系统中氮输入—输出的质量平衡概念

"管洞（hole of the pipe）"模型说明了作物和动物生产的"漏氮循环（leaky N cycle）"，它显示了氮输入在农业中的去向。在作物生产和动物生产中，输入、输出（在产品及排放到空气和水中氮）显示出了依赖性；氮流的流量变化对其他方面也有影响，这也取决于系统的存储容量。经系统内储量变化校正之后，总输入与总输出必须平衡（Oenema *et al*., 2009）.

这里将收获物产量作为氮输出的一个指标，在很多情况下，氮输出与收获物产量呈线性相关关系（收获物中的氮含量在一定程度上没有直接关系）。然而，对叶菜类（如菠菜和生菜）和牧草，由于硝酸盐在叶组织中的积累，收获物中含氮量可能随着氮输入的增加而增加，这也取决于收获时期。当设置作物氮输出的特定目标值时，需要考虑蔬菜和一些牧草的"奢侈氮吸收"。

氮素利用率（NUE）依赖于农业系统（或食物系统）及其管理。在作物生产系统中，氮素利用率（NUE）取决于作物类型和轮作、作物栽培、土壤肥力、氮肥类型（例如，动物粪肥与堆肥）以及环境条件（气候、地貌、水文等）。在专门的动物生产系统中，氮素利用率（NUE）取决于动物种类、品种、生产力、饲料质量、放牧和饲养管理以及环境条件（气候，畜禽舍）。在种养一体化系统中，氮素利用率（NUE）取决于上述因素的组合。

氮素利用率（NUE）受生产系统中外包环节的影响，如种子和植物材料的生产、幼畜饲养和动物饲料生产地点等。因为一部分生产成本转入到了其他系统生产过程，所以，外包通常提高表观氮素利用率（NUE）。欧洲农业净进口就是一个很好的例子。显然，这种外包必须进行记录，这也可以根据特殊尺度和评估目的通过定义边界的方法来解决。在整个食物链或更广泛的经济中粗化氮素利用率（NUE）的优势在于，在评估中可以使更多的项目被内部化。

氮素利用率（NUE）也受氮输入类型的影响，原则上所有的氮输入都应考虑在内，包括大气沉降、生物固氮、植物材料、作物残留等。在现实中，尽管某些氮输入信息缺乏或难以控制，但是，氮输入类型则必须记录，且当用标准化的氮输入类型，比较系统间或国家间的差异时可以更准确。

氮素利用率（NUE）受研究周期的影响，在作物生产系统中，理论上应该考虑整个作物轮作周期。在动物生产系统中，需要考虑完整的动物生命周期，这是因为氮素利用率（NUE）取决于作物类型和动物生产周期的各个阶段。然而，如果系统随着时间的推移相对稳定，或者代表更大尺度上的平均值（例如区域或国家的值）时，则可以以年为基础进行估算。

我们建议氮素利用率（NUE）的报告中用百分比（%）或质量分数（kg/kg），而氮输入，氮在收获物中的输出和氮盈余在报告中以千克 /（公顷·年）[kg/(hm^2·yr)] 表示。

这里表达的氮素利用率（NUE）指标还可应用于整个食物生产—加工—消费过程的全系统。这样的构架增加了应该考虑的阶段，包括与农产品运输、储藏有关的损失、餐厨垃圾及具有不同资源效率水平的食物选择（图6）。这里还有很多氮素再循环的可能，如在整个食物链中再利用氮以提高总体氮素利用效率（如除粪肥以外的废水养分再利用）。在这种情况下，氮素利用率（NUE）可再被定义为氮输出除以氮输入（氮输出和氮盈余之和），但是输入输出项是不同的。例如，在整个食物生产—消费系统的输出可能是可供消费食物中的氮，或者甚至是实际消费食物中的氮。

输入到整个食物生产—消费系统中的总氮与从外部进入系统的氮流有关，也就是，内部氮流和氮再循环不计算在内。如果内部氮再循环强烈，因而需要输入的氮就少，这样整个食物系统的氮素利用率（NUE）就高。所以，由于外部氮需求较少，减少食物浪费的益处就会也体现在氮素利用率（NUE）指标中。氮素利用率（NUE）指标可在整个食物链尺度上，

输　入

输出或损失

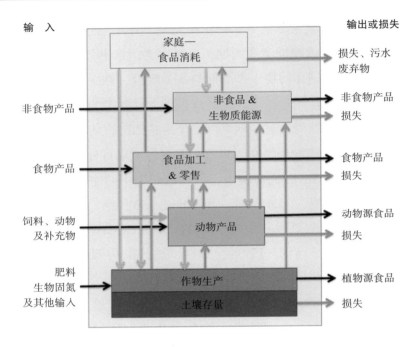

图 6　食物生产—加工—消费链中氮循环示意图

整个食物链（灰色方框）中的方框涉及各个部份（子系统或部门）。箭头表示氮流向。食物链左侧的箭头表示氮进口（输入），右边箭头表示出口（黑色箭头）和损失（灰色箭头）。里面的蓝色箭头表示食物链中氮在食物中向上流动。橙色箭头表示在残留物和废弃物中氮的再循环 (after Ma *et al.*, 2012, 2013; Van Dijk *et al.*, 2016).

也可以在部门尺度上，还可以跨越整个经济体进行定义。

　　因为一些信息可能难以收集，而在这个整合的方法中不是直接需要，所以，整合的氮素利用率（NUE）方法可能有数据收集的优势，而改进氮素管理的结果仍然体现在结果指标中。例如，在计算食物链的氮素利用率（NUE）时，氮输入包括肥料、生物固氮和大气氮沉积，而输出包括人类所有食物和可能的其他产品（包括出口食物）。粪肥和废水是再循环项，并没有明确地出现在方程式中。相比之下，粪肥和废水成为关键的氮回收和再循环项。当这种再循环可利用的氮替代肥料和/或生物固氮的氮输入时，改进过程隐含着整个食物系统的氮素利用率（NUE）的提高。

食物系统的空间边界通常是一个国家、洲或地区，并且常常取决于来自统计部门的数据和信息的可用性。整个食物系统（包括食物垃圾、食物选择）和跨越所有经济部门的可操作性氮素利用率（NUE）指标正在开发中。

3 氮素利用率（NUE）的图形表达

任何系统氮输入和氮输出的图形表达都是用于氮素利用率（NUE）和氮盈余系统性能的评估。它还涉及随时间变化的氮素利用率（NUE）、以及氮输出，氮输入和氮盈余。此外，它还涉及到观察值与氮素利用率（NUE）目标值或参考值的偏离情况。

图 7 表示出了这种形式的输入—输出二维图，它涉及氮素利用率（NUE）、收获物中氮输出和氮盈余以及目标值或参考值的系统性能评估。

对于氮素利用率（NUE）＝氮输出／氮输入，在这个图中，任何系统中氮素利用率（NUE）的位置都是通过偏离1：1线的程度来表示的。图 7A 显示出如何区分三个区域的氮素利用率（NUE），即低氮素利用率（NUE）值区域、"期望"范围的氮素利用率（NUE）值区域和高氮素利用率（NUE）值区域。三个区域的道理是，"过高"和"过低"的氮素利用率（NUE）都是不希望的，尤其是在很长的时间段内。"过低"的氮素利用率（NUE）值表明资源使用效率低下，并意味着高氮损失；"过高"的氮素利用率（NUE）意味着资源枯竭，即土壤氮耗竭，通常称为"土壤养分消耗"。

在非洲的农村地区，从土壤中消耗氮素（和其他养分）是一种普遍现象，它会导致土壤退化、侵蚀和贫瘠（Sanchez，

2000）。另一方面，在一些富裕国家从高肥力土壤中消耗养分认为可能是很好的做法，其结果是资源利用率提高，并且它可以减少潜在的养分损失。

虽然良好的管理可以减少损失，但在实践中，一些损失是不可避免的。因此，在图 7A 所示的种植系统例子中，我们表示了氮素利用率（NUE）的上限目标值为 90%。氮素利用率（NUE）的下限目标值为 50%，这是一个已经证明对于许多种植系统的常规措施是可以实现的值。应该注意的是，图 7A 上参考线的确切位置是不确定的。这是因为目标（参考）值价取决于农业系统（和食物系统）的类型，以及环境条件（即土壤、地貌、气候）。因此，这些目标值的设置是涉及科学、生产和政策领域的共同任务。

这种图形方法可以应用到与收获物中氮输出和氮 N 盈余

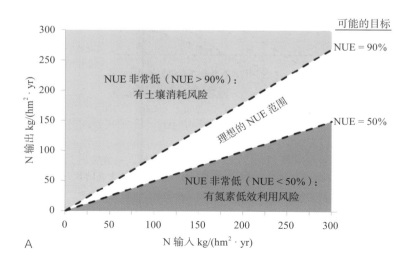

A

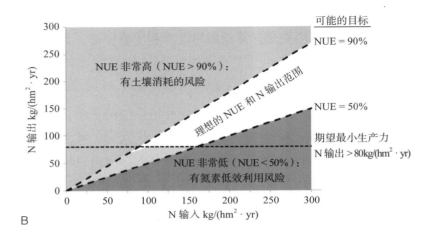

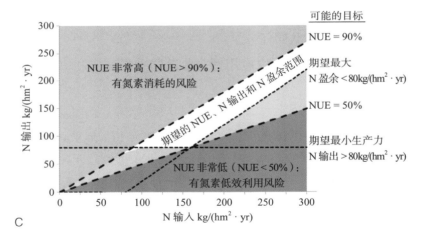

图7 氮素利用率（NUE）指标的概念；氮输入—氮输出二维图

上图是基于种植系统氮素利用率（NUE）参考值显示了氮素利用率（NUE）值可能的三个范围，即50%和90%。中间图添加了最小期望的氮素输出水平，在80kg/hm²氮输出的情况下，缩小了"期望"的氮素利用率（NUE）值范围。下图增加了氮盈余的约束，当设置氮盈余为80kg/hm²的情况下，进一步缩小了"期望"的氮素利用率（NUE）值范围.

有关的氮素利用率（NUE）检测。与氮素利用率（NUE）一样，可以为氮输出和氮盈余设置目标（参考）值。

图 7B 表达了包含最小氮输出作为目标值的氮素利用率（NUE），设置氮输出参考值的原理是，基于最低产量水平，可生产出必需的食物、饲料和生物燃料，同时满足农民、地区和国家竞争力的需要。图 7B 还表示了作物种植系统中目标氮输出值为 80 kg/(hm^2·yr)。在任何情况下，实际的氮输出将取决于所考虑的系统性质，例如作物的类型、气候和土壤类型。在养殖系统中，最低输出水平的目标也取决于动物类型、品种和动物饲料性质。

图 7C 显示了第三个目标值，即最大氮盈余水平。氮盈余目标值的原理是：氮盈余代表着潜在氮损失，而且不应该超过地下水和地表水体中硝态氮和总氮的阈值。此外，通过氨（NH$_3$）挥发和氧化亚氮（N$_2$O）排放到空气中的氮损失也被降到最低，以便符合 NH$_3$ 和 N$_2$O 的减排政策。氮气（N$_2$）虽然对环境无害，但是氮气排放与氮损失也是相关联的，因为它们代表了在系统中投入能量的损失，并且与较高水平的 N$_2$O 排放相关联，这个过程叫做"反硝化"（图 2，背景知识 2）。

氮盈余除了代表潜在 NH$_3$ 挥发、氮淋溶和反硝化等总氮损失外，它也反映了系统中氮库的变化。它还可以反映氮素质量平衡中氮输入和氮输出项估算中的不确定性。在图 7C 所示的种植系统中，我们已经提出了氮盈余的最大目标值是 80 kg/(hm^2·yr)。

与目标氮素利用率（NUE）范围和目标氮输出一样，任

何情况下精确的目标值都涉及科学、生产和政策的衔接问题，这可能取决于地区和当地条件。例如，最大氮盈余的目标值可能取决于氮损失路径和地下水和与地表水体中氮浓度阈值的平衡、生境脆弱性和 NH_3 和 N_2O 排放对空气的贡献和影响。

综上所述，氮素利用率（NUE）、氮输出和氮盈余的参考值或目标值将取决于农业系统类型，气候—土壤—环境条件以及氮输入类型。这意味着目标值是由系统和特定区域决定的。本章提出的参考值 [50% < NUE < 90%；氮输出 > 80kg/($hm^2 \cdot yr$)，氮盈余 < 80kg/($hm^2 \cdot yr$)] 是以种植系统为例的首次尝试，它是基于专家组对生产和环境的考虑而获得的。本文提出的目标值代表了目前欧洲的平均值。例如，2000 年度欧盟 27 国农业用地的平均氮输出量约为 80 kg/hm^2，而作物生产部门的总平均氮素利用率（NUE）为 44%，欧盟 27 国农业（包括养殖业）的总平均氮盈余约为 80 kg/hm^2 (Oenema *et al.*, 2009)。在 2010 年左右，欧盟 27 国的氮素利用率（NUE）增加到 50% 以上。(Westhoek *et al.*, 2014; Zhang *et al.*, 2015)。

在下一节中，我们将针对不同尺度上的数据对这些值进行验证，并在第 7 章中进一步反映目标值的设置过程。最后，这些目标值的设置是系统性能及其内部关系（科学领域）、可实现性和食物系统效益（生产领域）和社会风险管理（政策领域）的结合。因此，在不同的地理和系统背景下，目标值的设置都需要涉及这三个领域。

此外，氮输入和氮输出需要相对于系统边界来定义（背景知识 4）。

背景知识 4　相对于系统边界定义氮输入和氮输出

在研究氮素利用率（NUE）方法时，最重要的是要清楚哪些氮输入和哪些氮输出要包括在内。这些将根据：① 系统边界；② 用户目的。原则上，需要考虑很多不同的系统和系统边界，这就需要认真定义。此外，使用氮素利用率（NUE）方法的目的也要考虑，包括：① 比较不同的系统；② 随着时间推移的进展监测；③ 管理措施有效性和必要性的确认。

在图 7 给出的例子中，为种植系统定义了氮素利用率（NUE），它可以在田间尺度和区域尺度上应用。原则上，需要考虑所有的氮输入和氮输出，否则，它就会改变目标值的表达，这里所述的目标包括氮素利用率（NUE）最小值、氮素利用率（NUE）最大值、氮输出和氮盈余值。对作物氮素利用率（NUE）来说，在田间尺度上，氮的输入需考虑肥料、生物固氮、粪肥、其它有机废弃物和大气沉降等。同样，原则上氮输出需要包括所有收获物和移出物，包括作物收获物和可能移走的产品（如秸秆）。在某些情况下，并且为了某些目的（例如，监测随着时间推移的进展），可以适当地将输入简化为可管理的输入，以便更容易地获得相关数据。但是，如果信息不可用，不是排除氮输入项，而是应该优先使用默认值。通过这种方式，默认值的使用可以鼓励用户开发出更有代表性的值，以适应个性化的系统。

在养殖生产的氮素利用率（NUE）中，系统边界的一个关键问题是是否只考虑饲料转化效率（养殖氮素利用率），或者是否还包括饲料生产的氮素利用率（养殖系统氮素利用率）。还应该理解氮输入和氮输出项之间以及氮循环项之间的区别。对于结果而言，在一个系统中被看作是氮输入项可能构成另一个系统的循环项。例如，仅考虑作物氮素利用率（NUE）的情况下，将畜禽粪便添加到田间代表输入。相比之下，当考虑养殖业生产系统（养殖氮素利用率）的氮素利用率（NUE）时，畜禽粪便代表再利用项。这就意味着在这种情况下粪肥不包括在氮输入项中。但这并不意味着这种再利用不重要（参见第 7.6 节）。粪肥和其他有机废弃物的有效循环意味着可以用较少的额外输入（化肥、生物固氮和大气沉降）获得较多的氮输出。以这种方式，养殖系统的养殖氮素利用率就可以展现出良好粪肥管理所带来的益处。

大气氮沉降的例子是另一种情况，根据系统边界的定义它可以被看作是一个氮输入或再利用项。大部分大气氮沉降是由氮氧化物（NO_x）和氨（NH_3）的排放引起的。然而，在欧洲，向大气排放 NH_3 的 NH_3 源有 90% 左右来自农业源（粪肥，化肥）。相反，欧洲超过 90% 的 NO_x 排放源于燃烧源（能源生产、运输、工业），这代表了一种活性氮的新形式。从这两个来源产生的氮沉降可以为作物生长提供实质性的贡献。这意味着，当构架一个"整体经济领域的氮素利用率（NUE）"时，以肥料产品、生物固氮和 NO_x 形式的氮输入代表着系统外的氮输入，这并不意味着忽略了 NH_3。作为再循环项，良好管理所减少的 NH_3 损失，这既能提高整体经济领域的氮素利用率（NUE），还能减少其不利的环境影响。

这些示例说明了如何根据系统边界的选择和氮输入输出的选择，认真解释氮素利用率（NUE）的数值结果。在下面第 4、第 5、第 6 章的例子中，要注意如何解释包含或排除某些氮输入和氮输出项对结果的影响。

4 概念说明：氮肥试验数据的案例研究

4.1 英国洛桑试验站的长期冬小麦试验

在英国洛桑的 Broadbalk 试验是世界上最古老的连续农学试验。它始于 1843 年，冬小麦自那时以来每年播种和收获。从那时起，肥料处理一直保持不变，对照小区没有化肥、粪肥、堆肥或其他残留物添加。图 8 显示了单作的冬小麦品种

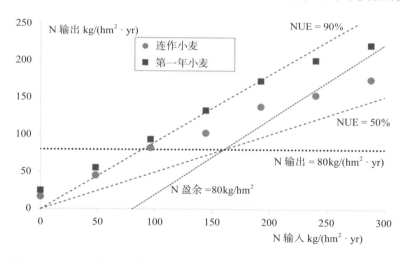

图 8　1843 年以后，在燕麦—玉米—小麦—小麦—小麦轮作期间，通过氮肥的氮输入与通过收获籽粒和秸秆的氮输出之间的关系

洛桑试验站 1996 年至 2012 年间 Broadbalk 冬小麦试验的平均结果。氮输出包括籽粒和秸秆中的氮。如图 7 所示，虚线表示氮素利用率（50% 和 90%）氮输出 [80 kg/(hm² · yr)] 和氮盈余 [80kg/(hm² · yr)] 的目标值（数据来自：MacDonald *et al.*, 2015）。在试验处理中不添加粪肥。其他氮输入不包括大气沉降 [约 30 kg N/(hm² · yr)] 和生物固氮 [< 5 kg N/(hm² · yr)]。文中讨论了排除这些项目的后果．

（Healward）1996 年至 2012 年期间每年生长的平均结果。汇总的数据涵盖了当前氮肥用量的所有范围，并且是（a）连作小麦，即单作，没有作物轮作和（B）燕麦—玉米—小麦—小麦轮作的第一年小麦。第一年小麦产量（和氮输出）比连作小麦要好得多，这是因为在作物轮作中降低了土传真菌病害的发生率。

在氮肥投入高达 280 kg/(hm² · yr) 的全用量范围内，测试了产量对氮肥施用的响应。低氮施用量（0~50 kg/hm²）的氮素利用率（NUE）略高于 90%，表明氮肥以外的氮源可能已被利用（即来自土壤和大气氮沉积）。中量应用范围 [96, 144, 192 kg/(hm² · yr)] 属于连作小麦的"理想氮素利用率（NUE）范围"。在高氮施用量 [> 200 kg/(hm² · yr)] 下，氮素利用率（NUE）的值趋于降低，但氮素利用率（NUE）仍处于"理想范围"。对休闲后的第一年小麦来讲，氮素利用率（NUE）的值均高于单作小麦。

应该注意的是，如果考虑其他氮输入，同时保持相同的性能目标，这些结论会稍有改变。虽然在这些试验中没有添加粪肥，生物固氮在这个地点 [< 5 kg N/(hm² · yr)] 上可以被忽略不计，但大气氮沉降的影响是显著的 [估计为 30 kg N/(hm² · yr)]。因此，实际的氮输入比实际显示的高约 30 kg/(hm² · yr)；即，图中的点应该向右侧水平移动 30 kg/hm²。

还应该注意的是，在氮输出在年际间也存在很大的变异（未示出）。对于每一个氮用量，无论对于连作小麦和第一年小麦，年际间都有较大范围的氮输出，因此在氮素利用率（NUE）和氮盈余值方面也是这样。它反映出了年际间产量的变化，这主要是由于天气条件和／或病虫害发生率差异所致。16 年期间（1996—2012 年），氮输出量从对照处理（不施肥处理）的约 25 kg/hm^2 到施肥超过 100 kg/(hm^2 · yr) 处理的 100 kg/hm^2。因此，长期监测数据对于建立稳健方法和评估氮素利用率（NUE）、氮输出和氮盈余的年度间差异性是非常有用的。

综上所述，洛桑试验站 Broadbalk 1996—2012 年的长期定位试验结果（图 8）表明了氮素利用率（NUE）指标非常有用。结果显示，氮素利用率（NUE）、氮输出、氮盈余初步的参考值是可以获得的，并可以实现"高投入—高产出"的冬小麦栽培。对冬小麦这样的作物，在管理良好的情况下，高氮输入可以同时获得高氮输出和少于 80kg/(hm^2 · yr) 的氮盈余。最后，它表明，作物轮作可以同时获得较高的氮素利用率（NUE）、较高的氮输出以及较低的氮盈余。

4.2 西班牙冬小麦大麦短期氮肥施用试验

图 9 显示了在西班牙地中海条件下进行了两年的冬小麦和大麦氮肥试验结果。通过施氮肥的氮输入计算在内，没有加入粪肥或其他有机残留物。大气氮沉降没有估计，但这种情况下预计大气氮沉降低于 30 kg N/(hm^2 · yr)。在低水平肥料氮输入情况下，氮素利用率（NUE）远远大于 100% 的小麦试验结果意味着耗尽土壤氮库存。随着肥料氮输入量的增加，氮素利用率（NUE）降低到 50%~90%。

在低氮肥输入情况下，这个短期试验的冬小麦氮输出远高于 4.1 节中讨论的英国洛桑 Broadbalk 的长期试验。这个可解释为短期试验对照（不施氮）处理在最近几年得益于土壤肥力的累积和前几年肥料氮的残留。通过对比洛桑 Broadbalk 的长期冬小麦试验，对照处理一个多世纪都没有接受额外的氮输入，主要氮源输入是大气沉降。因此，洛桑 Broadbalk 的长期冬小麦试验对照处理（和低 N 处理）的土壤肥力水平随时间推移就耗尽了，而西班牙短期试验的肥力水平在试验开始前一直在累积。

西班牙短期试验的冬小麦生长地区每年有 600~700mm 的降雨，而大麦生长的地区只有 400mm 的降雨。结果，在这个水分限制的地区，大麦的氮输出就很少。降雨是旱地作物氮效应的重要影响因子，极大地影响氮输出。其结果是水分限制有减少氮素利用率（NUE）、增加氮盈余的趋势。

如果年降雨量低于 300mm，大部分农民不使用氮肥，或者他们等第一次降雨时才施用。结果是，在 0~100kg/hm^2 的氮输入范围内，通过收获谷物的氮输出只有 40~70kg/yr。注意，在半干旱条件下，如果后茬作物能从底土中利用残留的氮，氮盈余不一定会损失。在西班牙有 600 万公顷的雨养小麦。在世界其他地方，有相当大面积的半干旱农田，在那里，水分限制着作物生长和氮的利用。这些系统中通常是低氮输入，氮输出在年际间变化很大。

总之，西班牙短期冬小麦和大麦试验结果（图 9）再次表明氮素利用率（NUE）指标的适用性，通过对比这些短期试

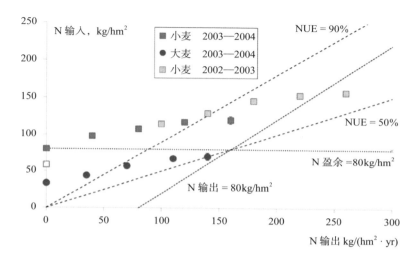

图 9　2002—2004 年西班牙通过施氮的氮输入与收获籽粒中氮输出的关系
　　冬小麦生长在相对湿润的地区，大麦生长在相对干燥的地区。在实验期间没有添加粪肥或其他有机废弃物，而氮输入轴仅代表肥料输入。大气氮沉积没有估算。如图 7 所示，虚线表示氮素利用率（NUE）（50% 和 90%）、氮输出（80 kg/hm²）和氮盈余（80 kg/hm²）的目标值。（数据来源：Arregui *et al.*, 2006 and Arregui and Quemada, 2008）.

验与英国洛桑的 Broadbalk 的长期冬小麦试验，给我们的启示是：在短期内，过去土壤肥力累积和残留氮对获得高氮素利用率（NUE）是十分重要的。比较图 9 中的小麦、大麦还发现，水分有效性的限制减少了氮输出，因而降低了氮素利用率（NUE）。另一方面，需要强调的是在干旱半干旱的农业条件下，低氮输出是可以预期的，80kgN/(hm²·yr) 的初步目标经常是达不到的。类似的情况还可能发生在贫瘠的土壤或寒冷的气候条件下。

4.3 荷兰的短期马铃薯灌溉施肥试验

通常，人们把氮肥的 30%~60% 施用在栽培作物的生长开始时期，其余部分一次或多次施用在作物生长季。分次施肥有提高氮输出和氮素利用率（NUE）的趋势，所以能降低氮盈余。灌溉施肥，就是与灌溉（滴灌）一起施用氮肥的方法，旨在进一步提高氮输出和氮素利用率（NUE），当在相对干旱的气候条件下进行第二次或第三次常规施肥时，肥料颗粒会保持在远离根系的干燥土壤表面，因此，灌溉施肥可以把氮肥和水带到植物根系附近，可以被植物直接利用。

图 10 显示了马铃薯作为试验作物的短期氮肥试验结果，第二和第三次施都是通过灌溉施肥进行的。灌溉施肥的效果有差异，但在灌溉施肥处理和碳酸钙—硝酸铵颗粒肥料常规施肥两个处理上，产量和氮输出在统计学上不显著。缺乏对灌溉施肥明确反应的原因可能与这些年来荷兰降雨充足有关。同时也因为试验在肥沃的海涂粘土上进行，土壤持水能力强、土壤供氮能力高。在 200~250kg/(hm² · yr) 的施氮范围内，氮输出随施氮量的增加而增加。

不施肥对照处理的高氮输出远高于大气氮沉降 [没有估算，可能不大于 40 kg/(hm² · yr)]。由于氮肥利用率（NUE）远远高于 100%，因而这个结果表明通过土壤有机氮的矿化作用提供了氮素。大量的土壤氮库贡献表明：在某些情况下，在故意临时消耗土壤氮储量时，>90% 的氮肥利用率（NUE）目标值也是期望的。这样还能减少氮损失的风险。

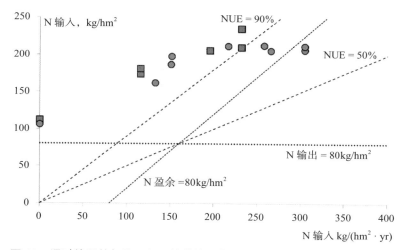

图 10 通过施肥的氮输入与马铃薯块茎收获物中氮输出的关系，马铃薯生长在荷兰莱利斯塔德（Lelystad）的壤质土壤上

氮肥分次施用，2/3 播种时施用，1/3 在生长期中以灌溉施肥的方式施用。绿色点、橙色点分别是 1998 年和 1999 年生长季。试验期间没有粪肥和其他有机废弃物加入，所以，氮输入轴仅表示肥料氮输入，大气氮沉降没有估算。虚线同图 7 一样表示氮素利用率（NUE）（50% 和 90%）、氮输入值 [80 kg N/(hm² · yr)] 和氮盈余（80 N kg/hm²）的目标值。（数据来源：Postma and van Erp 2000）.

综上所述，短期马铃薯灌溉施肥试验（图 10）表明：灌溉施肥的氮肥利用率（NUE）、氮输出和氮盈余的效应都可以用氮肥利用率（NUE）指标加以图示说明。分次施用和应用不同类型的氮素肥料同样可以改进氮素管理（e.g., Mosier et al., 2004）。图 10 还说明，在高氮肥利用率（NUE）的情况下，也可以获得较高的马铃薯产量。这个结果还表明，如果可矿化氮储量较高，如以前施用了粪肥或作物秸秆，在这样情况下，氮肥利用率（NUE）的值超过 90% 也是合理的。

4.4　肯尼亚茶叶短期施氮试验

茶叶是一种单作的多年生灌木，如果管理良好，可在经济生产中长达 100 年以上。这种做法在中国、印度、肯尼亚和日本尤为适用。栽培茶（*Camellia sinensis* (L.)）通过每 3~5 年一次的修剪使其在连续的营养生长阶段保持成低矮灌木以形成一个采摘面，以利于摘取嫩芽。修剪的材料留在土壤上，它有利于养分和有机质的循环，从而有助于土壤的养分和有机质平衡，在幼树种植园中可以减少侵蚀（*Kamau et al.*, 2012）。

在商业茶园中，施用氮肥可以提高单位面积的生产率，其用量从 100 到 300 N kg/(hm^2 · yr) 或更多。推荐的肥料组成和用量通常是基于移走养分的比例和数量。成熟茶的肥料氮推荐在不同的茶树生长区有所不同，这也取决于不同基因型的生产性能。

在 2002 年和 2003 年肯尼亚扦插苗和实生苗茶树短期施氮试验中，氮肥输入与收获物（两叶一芽）氮输出的关系示于图 11（*Kamau et al.*, 2008）。这四个地点分布在肯尼亚距凯里乔（Kericho）半径 4km 的范围内，肯尼亚的海拔高度为 2 200m。在此之前，这里的茶树采用集约化管理，氮肥用量为 100~300 kg/hm^2/yr。其他营养成分的比例为 N : P : K : S = 25 : 5 : 5 : 5。

图 11 表明，在两年的研究期间，施氮的效应较低，年份间差异不大。对于实生苗树（43~76 年树龄），增加氮肥输入对氮输出几乎没有响应。结果表明，这个地点以前大量的氮肥施用和修剪的生物质还返，土壤已经积累了大量的氮，它使在

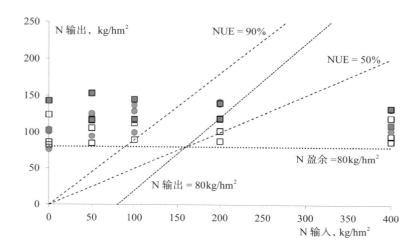

图 11   肯尼亚凯里乔试验田中通过施用尿素氮输入与收获"两叶一芽"茶
叶氮输出的关系

图中绿圆圈是 14~29 年树龄扦插苗的两个试验结果，方块是 43~76 年树龄的实
生苗 2002—2003 年（开放符号）和 2003—2004 年（封闭符号）试验结果。三次重复
平均。在试验期间没有粪肥和其他有机废弃物加入。氮输入轴仅代表肥料输入，大气
氮沉降没有估算。与图 7 相同，虚线表示氮素利用率（50% 和 90%）、氮输入 [80 kg
N/(hm^2 · yr)] 和氮盈余（80 N kg/hm^2）可能的目标值（数据来源：Kamau *et al.*, 2008）.

2 年的试验中茶树氮素供应相对冗余。

图 11 还显示了年轻扦插茶树（14 和 29 年）对氮肥投入
的响应比实生苗稍大，总之响应是较低的，表明土壤氮贮量也
是这里氮利用的主要来源。

遗憾的是，茶树上没有可用的长期试验，因此，对于这
个地点还有多长时间能保持对氮肥施用的"反应迟钝"还不
清楚。

总之，在肯尼亚茶园短期氮肥试验的结果（图 11）再次

显示了氮素利用率（NUE）指标的作用。相对较高的氮输出和氮素利用率（NUE）与相对低的氮盈余相结合，这是通过消耗土壤有效氮储量来实现的。它显示出，由于前几年的施肥使得土壤氮贮量较高，这是由于将修剪材料返回到土壤表面而产生的高有机质含量所引起的。它还表明：在这种情况下，尽管还不清楚这种状况还能维持几年，但施肥没有多大益处。观察结果重申了土壤肥力水平和肥料残留氮合理解释了氮输入—输出关系的重要性。

研究结果还表明，在有限的时间内，通过减少氮肥投入，刻意追求氮素利用率（NUE）超过 90% 边界的管理方式可能是需要的。这里的试验结果指出，氮输出几乎为 > 80kg N/(hm^2 · yr)，而氮肥输入量为 200~400kg/(hm^2 · yr)，导致氮盈余 > 80kg N/(hm^2 · yr)。当肥料氮投入量为 50~100kg/(hm^2 · yr) 时，氮盈余较低。

5 概念说明：利用国家统计数据的案例研究

5.1 1961—2009 年欧盟 28 国国家尺度上的作物生产系统

Lasaleeta 等（2014a, b）分析了 1961—2009 年全球国家尺度上作物生产系统中氮输入与收获物中氮输出的轨迹。一个国家的作物生产系统是根据联合国粮农组织统计部门（FAOSTAT）数据库中的统计数据确定的，包括所有耕地（包括临时菜地）和多年生作物（果园、葡萄园、橄榄园），但不包括多年生草地。每一个国家的年总产量和氮输出是通过计算 178 种作物的年产量和氮含量来计算的。播种面积是通过总结所有各种作物的面积来估算的。

作为例子，图 12 给出了 1960—2009 年欧洲四个国家种植系统的氮输出和氮输入之间的关系。图 12 中的每个点代表一个国家整个作物生产系统的估算年平均值。从 1960—1990 年，氮输入和氮输出有增加的趋势，而在这一时期氮素利用率（NUE）有减少的趋势（最清楚看到是西班牙和匈牙利）。从 1990—2009 年，尤其是在法国和德国，氮输出的增加远远高于氮输入和氮素利用率（NUE）的增加。特别是法国和德国在 1990 年以后的变化反映了技术进步和 / 或政策的变化（共同农业政策的改革，农业—环境政策的引入）。在 20 世纪 90 年代初，在匈牙利随着政治 / 经济的变化，化肥的使用量大大减少。这种下降最初导致了氮输出减少。

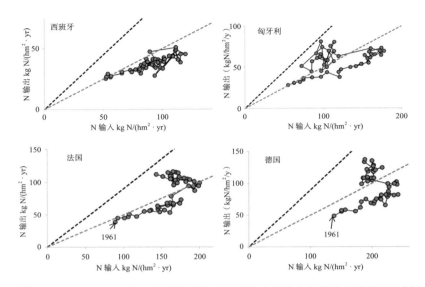

图 12　1961—2009 年四个国家作物生产系统中氮输入与氮输出的关系示例

　　每一个圆点（灰点）代表国家一年的平均值。点连线是表示年际间氮输入与输出的变化情况。作物（不包括多年生草地），氮输入包括肥料、生物固氮、粪肥和大气沉降。第一个点代表 1961 年的值，在最左下角的位置，黑虚线相当于氮素利用率（NUE）为 90%，灰虚线表示氮素利用率（NUE）为 50%（资料来源：Lassaletta et al., 2014b）.

　　在 2009 年，大约一半成员国作物生产系统的氮素利用率（NUE）值都有 50% 或更多。没有成员国的氮素利用率（NUE）值超过 90%，表明在全国尺度上，土壤消耗的风险相对较小。然而，不能排除的是，中欧一些地区在 20 世纪 90 年代的政治 / 经济变化之后面临着土壤消耗；注意到匈牙利的国家平均氮素利用率（NUE）值在几年内一直很高。

　　Lasaleeta 等（2014b）估算了通过合成肥料、共生固氮、粪肥施用和大气沉降输出到农田的总氮量。土壤肥力水平的变化没有考虑在投入中，即假设没有从土壤氮矿化中得到氮输入。利用文献资料，通过草地施用氮肥和粪肥的估计量对一个国家的总施氮量和粪肥量进行了修正，估算了从化肥氮和粪肥氮进入农田的比例。显然，通过施氮肥和动物粪便估算氮输入存在一定的不确定性，特别是对于相对草地较大的国家，如爱尔兰、英国、荷兰，这些都影响氮素利用率（NUE）和氮盈余的估算结果。

总之，Lasaleeta 等（2014b）的研究结果表明在国家尺度上检验作物生产系统中氮素利用率（NUE）指标随时间变化是适用的。它可以评估农业—环境政策对氮素利用率（NUE）、氮输出和氮盈余的影响。它还可以确定由于作物生产系统的变化、技术进步等引起的氮素利用率（NUE）、氮输出和氮盈余的变化。但在估算氮输入和氮输出中还存在几种不确定性，主要是动物粪便对农田氮输入的贡献方面。

5.2 欧盟 28 国国家尺度上的作物生产系统：欧盟统计局／经合组织的方法

欧盟统计局和经合组织（OECD）开发和完成了所谓国家尺度上的"表观氮平衡（GNB）"（附件 2）。表观氮平衡（GNB）的方法欧盟统计局已有描述（2013）。总氮平衡（GNB）的计算是通过整个作物生产和草地生产中的总氮输入与总氮输出的差值进行的，并参考了面积，在欧盟统计局的数据库可分为农地总面积（欧盟统计局的代码为 L0001）、多年生草地（L0002）多年生作物用地。

图 13 显示了欧盟 28 国在 2004—2011 年的平均氮输入与氮输出的关系。平均氮输入的范围是 60~370 kg/(hm² · yr)，平均氮输出为 40~90 kg/(hm² · yr)。氮素利用率（NUE）的范围为 48%~112%。最大值（罗马尼亚）表明氮输出大于氮输入，这说明土壤氮被消耗。相对低的氮素利用率（NUE）在低氮输入和高氮输入的情况下都有发生。

相对高的氮素利用率（NUE）值仅发生在氮输入相对低的情况下。欧盟新的 12 个成员国中平均氮输入与氮输出较老

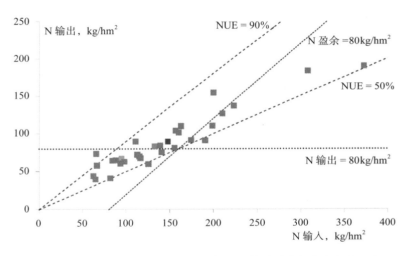

图 13　欧盟成员国中农业氮输出与氮输入的关系（每个点代表一个国家），它是 2004—2011 年 8 年的平均值

绿点代表 12 个新成员国平均值，橙色代表欧盟 28 国平均值，棕色代表所谓的 15 个旧成员国平均值。数据来源：http://appsso.eurostat.ec.europa.eu/nui/show.do（数据提取：2015.10.12）。总氮输入是从矿质肥料、堆肥、畜禽排泄物、种苗、生物固氮和大气沉降中估算的。总氮输出是从农作物收获物、蔬菜、水果和草地（包括任何从土壤中的移走的作物残茬）中估算的.

的 15 个成员国低（图 13）。有 7 个国家氮的盈余超过 80 kg/($hm^2 \cdot yr$)，且氮输出大于 80 kg/($hm^2 \cdot yr$)，大约有一半国家的氮输出远大于 80 kg/($hm^2 \cdot yr$)。在 2004—2011 年，欧盟 15 个国家的氮输入有轻微减少，而 12 个国家有轻微增加。

　　综上所述，欧盟统计局和经合组织的表观氮平衡数据也能描绘出氮素利用率（NUE）指标的氮输入—输出二维图。采用了 8 年（2004—2011 年）的平均值。欧盟统计局估算了国家尺度上的表观氮平衡（GNB），这个系统分析包括了每个国家的农业体系调查部门定义的农业部分。结果显示在国家之间存在很大不同。氮素利用率（NUE）的大部分结果都介于参考值 50%~90%。当氮输出少于 80 kg/($hm^2 \cdot yr$) 时，大部氮盈余都小于 80 kg/($hm^2 \cdot yr$)。老成员国与新成员国之间也有很大不同，土壤氮的消耗大分部发生在新成员国中。在估算氮输入与氮输出中有几个不确定性，主要的不确定是通过收获牧草的氮输出，包括放牧和刈割（Eurostat, 2013）。

6 概念说明：种养一体化农牧业系统

第 4 和第 5 章的例子表明，本报告中氮素利用率（NUE）的概念可以用于不同的作物系统，这个概念也可以用于作物的轮作、双作和三作生产系统。这里，氮输入与氮输出的关系既可以表达在特殊作物类型中，也可表达在整个作物轮作或种植系统。

氮素利用率（NUE）的概念也适用于混合的种养一体化生产系统，其中牲畜消耗了部分或全部农场种植的作物，牲畜产品是农场重要的氮输出。图 14 显示了 1998—2013 年荷兰 16 个以草地为基础的奶牛场总氮输入和通过牛奶和牛销售的总氮输出之间的关系。农场根据不同的土壤条件（砂，黏土，泥炭）并研究指导改善农场的管理。牛奶生产的平均强度较高 [产牛奶量为 17 000kg/(hm^2 · yr)]，但在农场 10 000 至 30 000kg/(hm^2 · yr) 之间的范围内。牲畜密度范围为每公顷 2~5 个牲畜单位。随着时间的推移，生产强度略有增加（未示出），氮输出和氮素利用率（NUE）也有轻微增加（图 14）。

总氮输入范围为 80~450kg/(hm^2 · yr)，总氮输出为 50~200 kg/(hm^2 · yr) （图 14）。氮素利用率（NUE）值介于 20~50%，且随时间推移有增加的趋势。氮盈余 50~300kg/(hm^2 · yr)。显然，氮素利用率（50%~90%）、氮输出 [>80kg/(hm^2 · yr)] 和氮盈余 [<80kg/(hm^2 · yr)] 的建议目标值一般都没

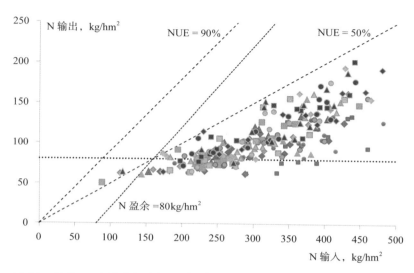

图 14　荷兰 16 个特殊奶牛场通过肥料、购买动物饲料、三叶草生物固氮、
　　　大气氮沉降的氮输入与通过卖牛奶、牛肉的氮输出之间的关系

不同的符号表示不同的年份，蓝色符号代表 1998—2001、绿色符号代表 2001—2005 年、橙色符号代表 2006—2009 年、棕紫色符号代表 2010—2013 年。同图 7 一样，虚线表示氮素利用率（50%~90%）、氮输出 [80kg/(hm² · yr)] 和氮盈余 [80kg/(hm² · yr)] 的目标值。

有达到。这主要是因为作物蛋白氮在牛奶和肉类蛋白氮中转化效率相对较低的缘故，并且通过氨挥发、氮淋溶（从尿斑）和反硝化引起的氮损失相对较高。随着时间的推移，氮素利用率（NUE）从 1998—2001 年的 28% 增加到 2010—2013 年的 38%。氮素利用率（NUE）的增加是由于提高了生产力措施、减少了 NH_3 挥发和硝酸盐淋失的氮损失的结果，也与通过肥料和动物饲料减少氮输入有关（Oenema，2013）。

　　综上所述，氮素利用率（NUE）指标的输入输出二维图

适用于种养一体化生产系统。在农场尺度上氮输入和氮输出的监测可以监测整个农作系统氮素利用率（NUE）随时间的变化。这些变化可能是由于作物生产系统氮素利用率（NUE）的变化所致，也可能是由于动物生产氮素利用率（NUE）的变化所致。在整个农场系统中的数据和信息不能区分这两个组份；如果要区分，就需要增加数据。还有，种养一体化系统可能需要不同的目标值。

7 讨 论

7.1 氮肥利用效率与粮食生产可持续集约化

"效率"这个词和概念最近被争论很多，特别是关于"实现更可持续的食物系统"（Garnett *et al.*, 2015）。有人认为"效率这个词已经超越了智慧、道德和审美"。这一概念的背景是，不同的人对效率赋予了不同的含义；"有些人把它当作可持续发展的捷径，而没人真正地思考它"，"有些人则简单地拒绝了其效用作为衡量自身可持续性的标准"。

高效的食物系统不能定义为可持续的食物系统（Garnett *et al.*, 2015）。效率通常被定义为输出输入的相对比率，而可持续性通常在更广泛的含义中定义（SDSN，2015）。在当前围绕氮使用效率的讨论中，我们不主张"高氮使用效率就等于可持续的氮利用"。我们的观点是，氮是生命所必需的，但是过量的氮威胁着环境，对我们的健康也有潜在的威胁。因此，我们的愿望是提出方法和概念以有助于提高农业和食物系统中氮的利用效率。我们认为，这里给出的氮素利用率（NUE）指标输入—输出二维图可以表达一种有用的方法来说明、记录和监测食物系统中氮素利用率（NUE）性能的改进。

对于"可持续集约化"的概念也有许多不同的观点（Garnett *et al.*, 2013; SDSN, 2013）。在这个概念中，通常被接受的一个关键要素是"每滴和每袋都生产更多的作物"，即多

输出少输入。我们认为，提高氮素利用率（NUE）是有助于
挖掘可持续集约化的潜力。

在输入—输出二维图中，可以区分氮利用效率变化的四
个主要方向。朝向优化的方向取决于起点的位置，可能包括
（见图15）。

（1）集约化。

（2）简约化。

（3）提高效率。

（4）避免土壤退化。

图12和14表明，在欧洲一些国家和一些农场中，农场氮

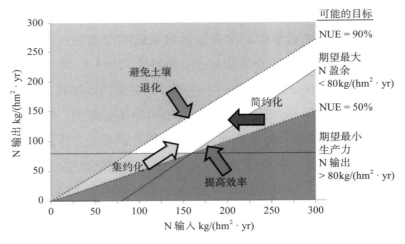

图15 氮素利用效率（NUE）指标显示不同的策略如何来提高氮的利用效率
　　根据不同的起点，集约化策略和粗放化策略都可能有贡献。在某些情况下，其主
要矛盾可能是增加粮食生产和提高资源利用效率，在其他情况下，优先的事情可能是
保护土壤和避免生境恶化，或是增加生物能源生产和碳固定.

素利用率（NUE）已经增加。这些模式类似于所谓的环境库兹涅茨曲线，即，污染首先增加，然后随着经济增长而减少（Zhang *et al.*，2015）。

氮素利用率（NUE）指标有效地综合了食物生产系统中氮输出、氮使用效率和潜在氮损失的性能。氮与许多不同的农业—环境指标（表1，背景知识3）相联系，氮提供了一个可有效连接其他指标的框架，如食物消费和人类健康。氮素利用率（NUE）指标可能有助于识别食物系统中氮利用变化的方向，特别是在国家或区域尺度上对制定政策至关重要。

7.2　所有食物系统中的统一氮素利用率指标

尽管本报告的重点是食物生产，但是，氮素利用率（NUE）指标可以应用于所有类型的食物生产—消费系统。氮素利用率（NUE）指标可适用于不同的尺度，可以从田间试验到农场、国家和洲。它也可以用于连续监测氮输入、氮输出、氮素利用率（NUE）和氮盈余随时间的变化。因此，它为食物生产—消费系统中提供了一个分析氮输入、氮输出、氮素利用率（NUE）和氮盈余（以及随时间变化）之间关系的统一框架。

氮输入—输出二维图可以对观察值和目标值之间的"距离"直接观察。第3章介绍了种植系统的氮素利用率（NUE）、氮输出和氮盈余的目标值，并用第4~6章中的可用数据集进行了一系列"测试"。至于第4章的案例研究，所提出的目标值作为初次估计可能是合理的。显然，氮输出目标值 [>80kg/

(hm^2·yr)] 很容易在西欧生长的冬小麦和马铃薯中得到满足，但在地中海的干旱年份则不容易满足。此外，数据显示，当氮输入不是"过高"时，可以满足氮素利用率（50%到90%）和氮盈余 [<80kg/(hm^2·yr)] 的目标值。在第4章中没有尝试对各种田间试验的经济最佳氮输入进行估算，但对二维图的直观观察表明，当氮盈余接近80kg/(hm^2·yr)时，额外氮输入的边际回报率也相当低。

氮素利用率（NUE）、氮输出和氮盈余的建议目标值（第3章）对于所有的作物生产系统不都是相同。谷物和块根类作物具有较高的氮输出和氮素利用率（NUE），但许多水果的氮输出相对较低。

例如，地中海地区有约1 000万公顷的橄榄园，这些系统在肥料氮投入很少的情况下，平均氮输出小于20kg/(hm^2·yr)。欧洲有数百万公顷的葡萄园，通常氮输出小于70kg/(hm^2·yr)（Ruiz-Ramos et al., 2011）。同样，一些蔬菜，如芦笋（Asparagus officinalis L.），其氮输出范围仅为10~40kg/(hm^2·yr)（Ledgard et al., 1992）。因此，当研究与特定的种植系统相关时，目标值必须是特定的作物类型。

建议的氮素利用率（NUE），氮输出和氮盈余目标值（第3章）可明确适用于第5.1和第5.2章节中广义定义国家尺度上的作物生产系统。图12中的结果清楚表明，在国家尺度上作物生产系统的平均氮输出、氮素利用率（NUE）和氮盈余在过去的几十年中已经在向氮输出>80kg/(hm^2·yr)、NUE >50%和氮盈余<80kg/(hm^2·yr)的方向发展。图13表明，国

家间的平均值，特别是在氮输出方面存在很大的差距，这可能
与不同国家的主要作物类型和气候条件有关。西欧潜在的作物
产量比地中海国家高的主要原因是降雨和昼夜温差（Boogaard
et al., 2013）。因此，在国家尺度上进行与种植制度有关的研究
时，作物生产系统的参考值可能是气候带所特有的。

输入—输出二维图也适用于种养一体化生产系统，但氮
素利用率（NUE）、氮输出和氮盈余的目标值必须由系统决
定（第6章）。作物和动物生产相结合时，氮素损失的机会更
多。为了正确理解种养一体化生产系统的观测值，还必须在
作物产量和养殖生产要素之间的氮输入、氮输出、氮素利用
率（NUE）和氮盈余之间进行区分，因为作物生产系统和/或
养殖生产系统的变化可能导致在农场尺度上随着时间的变化而
变化或农场间的变化（Oenema, 2013）。图14表明，输入—输
出二维图可以用来观察农场间的差异，以及农场随时间的变化
（例如，技术进步）。

7.3 目标值的进一步发展

在第3章中提出的氮输出、氮素利用率（NUE）和氮盈
余的初始目标值是基于专家的判断，这些判断主要考虑到在不
损害环境的条件下来满足未来食物、饲料和纤维需求时的作物
最小产量、最小和最大氮素利用率（NUE）和最大氮盈余。

一种估算未来全球氮输出需求的方法就是通过规范的反向
计算，即，一个人一年需要至少18kg的蛋白质，每人每年转
化为3kgN。这样就每年需要最小21亿公斤的氮输出才能养

活全球人口。对动物（即牛、猪、家禽、马等）也可以进行类似的估计。这就提出了一些关于行为模式、价值观念、系统的低效率性的估计、食物选择、食物浪费以及这些价值在全球的适用性问题。

另一种估算氮输出目标值的方法是基于良好情况下的实际平均值和 / 或可能的值。例如，2000 年度欧洲 27 国农业用地的总氮输出量约为 80kg/hm²，而作物生产部门的总平均氮素利用率（NUE）为 44%，氮盈余总平均约为 80kg/hm²（Oenema et al., 2009）。该研究发现，通过技术措施包的实施，氮素利用率（NUE）可以提高到 55%，并且氮损失（即 N 盈余）减少了 30% 到 40%。在当前作物产量和可达到的作物产量之间也存在相当大的产量差距，这表明作物产量可以增加（Boogaart et al., 2013; Mueller et al., 2012）。一些农场的研究和探索性的研究表明，在氮素利用率（NUE）增加的同时，氮盈余可以减少。

对于氮素利用率（NUE）来说，较低估计的初始目标值（50%）大致相当于目前欧洲的平均值，这里还有一个较高的目标值（这里设置为 90%），如高于此值，土壤氮消耗的风险就会增加，这在长期是"不可持续的"。Brentrup 和 Pali-EiRe（2010）根据长期冬小麦田间试验的结果，开发了一种用于氮素利用率（NUE）的"红绿灯"指标方案。红绿灯方案旨在促进目标值与农场生产团体的交流。因此，在相对低的施氮量下，收获小麦籽粒的氮移走有超过氮输入的倾向，即氮素利用率（NUE）高于 100%（参见图 8~11）。这种情况通常被称为

"土壤氮消耗"，即土壤肥力的耗竭。在第 4 章的中等施氮量的试验中，收获小麦的氮移走与施氮量相当。在高施氮量下，收获小麦的移走量比氮输入少很多，这就表明氮损失的风险增加。

说 明	氮素利用率（NUE）（%）		
	种植系统	种养一体化系统 1 LSU/hm^2	种养一体化系统 2 LSU/hm^2
土壤氮消耗	>100	>80	>60
土壤氮消耗风险	90~100	60~80	50~60
施氮平衡	70~90	40~60	30~50
氮损失风险	50~70	30~40	20~30
氮损失高风险	<50	<30	<20

图 16 用于解释作物生产系统和种养一体化生产系统中氮素利用率（NUE）值的简单方案（*After Brentrup & Palliere*, 2010）
提出的目标值是暂定的。LSU 是牲畜单位（相当于 500 公斤奶牛）.

在图 16 中，扩展了 Brentrup 和 Paliele（2010）提出的氮素利用率（NUE）原始红绿灯方案。对于种植系统来讲，采用了 Brentrup 和 Paliele（2010）提出的氮素利用率（NUE）值。对于种养一体化生产系统，建议采用较低的氮素利用率（NUE）值。这些较低的值反映了一个事实，即种养一体化生产系统中较长的氮营养途径会导致比作物生产系统有更多的氮损失（见图 3、12）。牲畜在肉类、牛奶和鸡蛋中只保留动物饲料中蛋白质氮的一小部分（20%~40%），其余部分都在粪便

和尿液被排泄掉。粪便和尿液（粪肥）中的氮会再次被用于营养作物，但是粪肥中的有机氮必须先矿化才能成为作物有效氮。同时，特别是在粪肥储存和直接施用到地表的过程中，其中的无机氮容易通过 NH₃ 挥发损失。牧场中粪便和尿液中的氮容易淋溶和反硝化。

Zhang et al（2015）利用 FAO 数据库和经过计算对不同种植制度和不同洲间的氮素利用率（NUE）进行了全球分析。2010 年全球平均氮素利用率（NUE）为 42%。2010 年欧洲平均氮素利用率（NUE）为 52%。它们包括大气氮沉降、生物固氮和粪肥输入。他们应用 FAO 在全球范围内的粮食需求预测和允许的氮污染估计（Bodirsky et al., 2014; Steffen et al., 2015），估算了 2050 年全球氮素利用率（NUE）目标值为 67%、欧洲的氮素利用率（NUE）目标值为 75%。这些值都落在了图 14 中种植系统的数值范围内。然而，Zhang 等人（2015）的全球分析包括所有的种植系统，也包括使用粪肥氮的种养一体化生产系统。

红绿灯方案也可以用于氮盈余。图 17 显示了种植系统和种养一体化生产系统中氮盈余目标值。该值是暂定的，且需要进一步校准和验证。在田间和农场尺度上，很明显，可达到的目标值将取决于气候、土壤类型和管理措施。在特定气候和特定区域下必须作出调整，因为气候（降雨模式）极大地影响着氮损失的风险和途径，而水体和自然植被在区域间差别很大，易受氮损失的影响。区域间氮损失途径也可能不同，例如，在富含有机质的黏性土壤中，大部分氮盈余可能通过反硝化损失，而在低有机质、砂质土壤中淋溶通常是氮损失的主要途径。在坡地，很大一部分氮盈余可能通过坡面漫流、侵蚀、地表径流和地下淋溶而损失。

说　明	氮盈余 kg/(hm² · yr)		
	种植系统	种养一体化系统 1 LSU/hm²	种养一体化系统 2 LSU/hm²
极　高	>120	>160	>200
高	80~120	120~60	160~200
中　等	50~80	90~120	130~160
低	20~50	60~90	100~130
极　高	<20	<60	<100

图 17　作物生产系统和种养一体化生产系统的氮盈余值的暂定方案，每公顷有 1 个和 2 个牲畜单位（LSU）。提出的目标值是暂定的.

氮盈余与氮素利用率（NUE）相关，反之亦然。公式中：

氮素利用率（NUE）＝氮输出 /（氮盈余 + 氮输出）〔1〕

氮盈余 = 氮输入 *（1– 氮素利用率）　　　　　　〔2〕

公式〔2〕表明通过低氮输入和 / 或高氮素利用率（NUE）可以实现低氮盈余。高氮盈余是高氮输入和 / 或低氮素利用率（NUE）的结果。从清洁环境和资源高效利用的角度来看，非常低的氮盈余是有吸引力的，尽管存在极低的氮盈余会导致土壤氮消耗的风险。种养一体化生产系统中极低的氮盈余可能与过度放牧有关。高氮盈余是不希望的，这是因为存在着很高的氮损失和资源低效利用的风险。

与作物生产系统相比，种养一体化生产系统将有不同的目标值，因为增加了氮从粪肥中损失和有机结合 N 对作物有效性低的风险。这里区分了两个牲畜密度等级（每公顷 1 个和 2 个牲畜单位（LSU））。据推测，依据每个牲畜单位的氮排泄量在 100~140kg/LSU 的范围内，并且不可避免的 NH$_3$ 挥发损失在 10~20kg/LSU 范围内，粪尿中氮淋溶和反硝化损失在 10~20kg/LSU，而动物粪便中有机氮有 10~20kg 累积在土壤有机质中，这些氮在多年以后可转化为作物可利用形态的氮，但与作物需求不同步。这样假设"可获得的"氮盈余平均增加 40kg/LSU。

为氮输出提出的这个红绿灯方案也是很诱人的。在第 3 章中，建议的一般氮产量为 80kg/(hm^2 · yr)。因为有 100 多种不同的食物和饲料作物，所以一个完善的红绿灯方案就需要一个眼花缭乱的详细计划。这些作物的氮输出可能有很大不同，其氮素产量范围可能从小于 20kg/(hm^2 · yr) 的橄榄到超过 400kg/(hm^2 · yr) 的集约化经营的牧草。相反，这里只提出一个平均参考值，这就是欧盟大致的平均值。

7.4 土壤供氮的作用

土壤是氮素的主要储贮器和缓冲器。大部分氮存在有机质中，随着有机结合态氮矿化成矿物氮之后，就可供作物利用。土壤氮素供应量可以通过不施氮小区收获的生物量来确定。尽管从不施肥小区吸收的部分氮可能来源于大气沉降和生物固氮。

在实践中，氮输出中相对较大的部分是来源于土壤的氮供应。这部分的范围为 $25\sim100kg/(hm^2 \cdot yr)$ 或更多，$25kg/(hm^2 \cdot yr)$ 的结果是从施氮肥被保持超过 150 年的小区得到的（图 8），$100kg/(hm^2 \cdot yr)$ 或更多的结果是在最近几年常规氮输入的小区获得的（图 9、图 10、图 11）。显然，这种土壤氮素供应不是免费的，必须通过作物残渣、粪肥和 / 或堆肥的输入来维持或累积。如果不这样，土壤供氮就会减少，比如在洛桑试验站 Brordbalk 小麦试验中不施肥的小区（图 8）。短期过量的氮输入可能导致作物至少两年内对氮反应"迟钝"（图 11），这一部分是因为从底层土壤中吸收了残余的矿物氮，另一部分来源是易降解有机氮的矿化。

在清理残留的矿质氮和从易分解有机氮矿化释放的矿质氮的情况下，土壤氮素消耗是有益的。在这种情况下，土壤消耗使得氮通过氮淋失和反硝化的损失风险降到最低。覆盖作物和主要作物收获后种植的填闲作物正好起到这种作用。当土壤氮供应减少到洛桑试验站 Broadbalk 小麦试验中不施肥小区的水平时，土壤氮素消耗就变得有害，在这种情况下，土壤有机氮含量和土壤肥力已经下降到了迫近土壤退化的水平。在理想的情况下，土壤氮供应应在 $50\sim150kg/(hm^2 \cdot yr)$。土壤氮消耗也可能发生在输入（有机结合）氮有限、土壤耕作强度相对大以及在气候变化的条件下。这就表明了土壤氮含量监测的重要性。

7.5 氮素利用率（NUE）指标的使用建议

本报告中所述的氮素利用率（NUE）指标很容易用于不同的食物生产（和消费）系统和不同的尺度范围。该指标特别适用于监测农场尺度和国家尺度上氮素利用率（NUE）的变化以检验技术进步和政策干预的影响。这个指标还可用于育种公司和肥料行业，以比较不同品种和肥料类型的氮素利用率（NUE），特别是氮素管理策略。咨询服务和会计事务所可以将该指标用于对农民的推广工作。理想情况下，氮素利用率（NUE）指标可以让农民用来检验农场管理措施。指标的灵活性可以使其应用在不同的场合。

氮的使用效率影响了很多最近批准的 2015 年以后时期的可持续发展目标（SDGS），这样在国家及以下尺度上的很多具体的目标、路径和指标就需要修改。在这样背景下，这里建议的氮素利用率（NUE）指标适用于设定现实目标和监测项目，特别是与食物和营养安全（SDG 2）、可持续消费和生产（SDG 12）、海洋生态系统（SDG 14）和陆地生态系统（SDG 15）有关的项目。

欧盟统计局（Eurostat）、经合组织（OECD）、欧洲经济区（EEA）和欧盟联合研究中心（JRC）都准备在欧盟 28 国范围内的区域和国家尺度上对氮使用和损失情况进行概述。这些研究的重点是氮肥的使用，表观氮平衡（GNB）和氮预算与损失（表 1）。我们建议氮素利用率（NUE）指标也应包括在这些概述中，以监测在时间尺度上食物生产（和消费）系统中氮使用效率的变化。

欧盟 28 国间一些典型农场群农场会计数据网络（FADN）中的数据和信息也可以收集。应用这里给出的氮素利用率（NUE）指标，这些数据也可以用来估算氮素利用率（NUE）。FADN 数据可以量化经济指标、氮使用和氮素利用率（NUE）之间的关系。农业结构调查（FFS）和 FADN 是结构化格式数据，它是以统一的方式在欧盟所有成员国中收集农场尺度上的数据，这些数据可以在整合水平上（农场类型、地区、国家）计算氮输入、氮输出、氮素利用率（NUE）和氮盈余。

总之，氮素利用率（NUE）指标是为农民、推广服务部门、产业界、政策官员和研究人员制订的。

7.6　统一数据信息收集、处理和记录的方法的必要性

氮素利用率（NUE）指标需要精确定义系统中的氮输入和氮输出数据。这些数据和信息必须以统一的方式收集、处理和记录，以进行系统间和年份间的比较，并可将观测值与参考（或基准）值相关联。当不同的机构和部门参与数据和信息收集、处理和记录，以及在国家间或系统间进行交叉比较时，就需要这种统一性。最后，必须确保系统间或国家间的任何差异都源于系统或国家本身之间的差异，而不是来自数据和信息收集、处理和记录的差异。

理想情况下，系统在一年时间内的所有氮输入和氮输出都需要记录。表 2 中列出了欧盟 28 国中区域和国家尺度上用于估算表观氮平衡（GNB）所需的输入和输出项目。这些数据

可以估算氮素利用率（NUE）指标中的氮输出、氮素利用率（NUE）和氮盈余。如财务共享服务（FSS）数据库中所观察到的那样，畜禽粪便代表了所有农场动物排泄物中氮的数量。在储存期间排泄物中的氮没有进行氮损失校正。这样，氮输入项仅代表进入农田的潜在数量（表观氮平衡）。这意味着在农田尺度上，动物饲养和粪便储存期间的氮损失隐含在表观氮平衡（GNB）方法中。

表2　根据欧盟统计局（2013）的数据，用于计算作物生产系统中
　　　区域或国家尺度上表观氮平衡的氮输入和输出项

氮输入项	氮输出项
矿物肥料	可收获物的农作物和多年生作物
畜禽粪便	可收获的饲料作物和牧草
生物固氮	移走的残茬
大气沉降	
堆肥与污泥	
种子和植物材料	

除了表观氮平衡（代表种植系统的"土壤表面平衡（soil surface balance）"方法），还可以导出"农场总氮平衡（farm-gate nitrogen balance）"。在这种情况下，所有进入系统的氮输入项和最终作为市场化输出（农作物和动物衍生产品）而离开系统的所有氮输出项都将考虑。忽略国家和地区内部氮流动和循环，例如农场饲料生产和粪肥使用，除非饲料或肥料从系统外进口或出口。这种方法类似于所谓的"农场总平衡（farm-gate nitrogen balance）"或"农场预算（farm budget）"方法

（EUSTSTAT，2013；OECD，2015）。表 3 给出了用于估算"农场总平衡"的输入和输出项目。

输入和输出项目只能在平衡的余额上记录一次。在一些动物被进口到农场而另一些动物又出口的情况下，只呈现净结果，即在平衡的右侧。同样，在一些动物粪便进口到农场而另一些粪便又出口的情况下，只记录净粪便输入（表 3）。在平衡中正确地记录输入和输出可以更好地在农场间和国家间进行比较。

表 3　根据欧盟统计局 2013 和 OECD（2015）数据，区域和国家尺度上农场总平衡所考虑的输入、输出项

氮输入项	氮输出项
矿物肥料	商品化农作物和多年生作物
饲料进口（净）	动物出口（净）
生物固氮	商品化肉蛋奶
大气沉降	
堆肥与污泥	
种子和植物材料	
动物粪便进口（净）	

在具体情况下，如第 4 章中讨论的氮肥试验，通常忽略其他氮输入项目，例如大气氮沉降、生物固氮和进口种子。在这样的研究中，尤其是当施肥处理的氮输出被对照处理的氮输出所校正时，氮输出的变化被视为对氮输入（如果处理包括粪肥，或粪肥氮输入）的响应。在后一种情况下，大气氮沉降、生物固氮和进口种子的可能效应通过不施氮处理隐含地表

达了。对于某些目的（例如作物表现试验），只要系统和氮输入项目被清楚地描述，这个简单的方法就足以满足氮素利用率（NUE）指标。然而，它可能不足以满足所有的目的。尤其是在寻求生产系统和环境表现双优化时。

在作物试验中仅包括肥料（和粪肥）氮输入的简化方法不能用于比较不同的农场、不同的种植制度和／或不同的国家。如果进行比较，必须记录在表 2 或表 3 中列出的所有氮输入和氮输出项，因为通过大气氮沉积和生物固氮的氮输入在系统间可能差别很大。

7.7 未来工作

这份报告是欧盟氮专家组一系列关于氮素利用率（NUE）指标报告中的第一篇。本报告描述了一般概念，并说明其适用于不同的系统。后续的报告将应用在：① 种植农场，② 国家尺度上的食物生产—消费系统，以及③ 种养一体化农场。这些后续报告的目的是，首先，进一步完善和应用氮素利用率（NUE）指标，其次，用氮素利用率（NUE）指标分析特定系统，最后，向用户提供规范的指导性氮素利用率（NUE）指标。同时，预期通过这些报告进一步讨论氮素利用率（NUE）指标以达到更好地发展和理解的目的，以此作为凝练适宜氮目标值共识的基础，以服务于生产和政策。

8 参考文献

Alexandratos N, Bruinsma J. 2012. World agriculture towards 2030/2050: the 2012 revision. ESA Working paper No. 12–03. Rome, FAO.

Arregui LM, Lasa B, Lafarga A, Irañeta I, Baroja E, Quemada M. 2006. Evaluation of chlorophyll meters as tools for N fertilization in winter wheat under humid Mediterranean conditions. European Journal of Agronomy. 24: 140–148

Arregui LM, Quemada M. 2008. Strategies to improve nitrogen-use efficiency in winter cereal crops under rainfed Mediterranean conditions. Agronomy Journal 100: 277–284.

Bai ZH, Ma L, Qin W, Chen Q, Oenema O, Zhang FS. 2014. Changes in Pig Production in China and Their Effects on Nitrogen and Phosphorus Use and Losses. Environmental Sciences and Technology 48 : 12 742–12 749.

Bittman S, Dedina M, Howard CM, Oenema O, Sutton MA (Eds). 2014. Options for Ammonia *Mitigation: Guidance from the UNECE Task Force on Reactive Nitrogen*, UNECE-CLRTAP-TFRN 2014 Guidance Document for reducing Ammonia Emissions. ECE/EB.AIR/2012/L.9. Centre for Ecology and

Hydrology, Edinburgh, UK.

Bleeker A, Sutton M, Winiwarter W, Leip A. 2013. Economy-wide nitrogen balances and indicators: Concept and methodology. Organistion for Economic Cooperation and Development (OECD) (Working Party on Environmental Information), ENV/EPOC/WPEI(2012)4/REV1. Paris.

Bleken MA, Bakken LR. 1997. The nitrogen cost of food production: Norwegian society. Ambio 5 : 134–142

Bodirsky BL, Popp A, Lotze-Campen H, Dietrich JP, Rolinski S, Weindl I, Schmitz C, Müller C, Bonsch M, Humpenöder F, Stevanovic M. 2014. Reactive nitrogen requirements to feed the world in 2050 and potential to mitigate nitrogen pollution. Nature Communications 5, 3858. DOI: 10.1038/ncomms4858.

Boogaard H, Wolf J, Supit I, Niemeyer S, Van Ittersum M. 2013. A regional implementation of WOFOST for calculating yield gaps of autumn-sown wheat across the European Union. Field Crops Research, 143 : 130–142

Brentrup F, Pallière C. 2010. Nitrogen Use Efficiency as an Agro-Environmental Indicator. Proceedings of the OECD Workshop on OECD Agri-environmental Indicators: Lessons Learned and Future Directions, 23-26 March, 2010, Leysin, Switzerland. OECD.

COM 2014 Towards a circular economy: A zero waste program for Europe, European Commission (COM, 2014, 398).

COM 2012 The Bioeconomy Strategy. European Commission (COM, 2012, 60). 42

COM 2011 A resource-efficient Europe – Flagship initiative under the Europe 2020 Strategy. European Commission (COM, 2011, 21).

Davidson EA. 2009. The contribution of manure and fertilizer nitrogen to atmospheric nitrous oxide since 1860. Nature Geoscience 2 : 659–662.

Dobermann A. 2005. Nitrogen Use Efficiency – State of the Art. IFA International Workshop on Enhanced-efficiency Fertilizers, Frankfurt, Germany, 28-30 June, 2005. International Fertilizer Industry Association (IFA), Paris. Paper 316. http:// digitalcommons.unl.edu/agronomyfacpub/316.

Dobermann A. 2007. Nutrient use efficiency – measurement and management. In: Fertilizer best management practices. General principles, strategy for their adoption and voluntary initiatives vs regulations. IFA International Workshop on Fertilizer Best Management Practices. Brussels, Belgium, pp. 1–28.

EMEP data via: http://www.emep.int

Erisman JW, Sutton MA, Galloway JN, Klimont Z, Winiwarter W.

2008. How a century of ammonia synthesis changed the world. Nature Geosciences 1 : 636–639.

Eurostat 2013 Nutrients Budgets – Methodology and Handbook. Version 1.02. Eurostat and OECD, Luxembourg.

Fixen P, Brentrup F, Bruulsema T, Garcia F, Norton R, Zingore S. 2014 Nutrient/fertilizer use efficiency; measurement, current situation and trends. Chapter 1 in Managing water and fertilizer for sustainable agricultural intensification. IFA/IWMI/IPNI/IPI. 30 pages.

Fowler D, Coyle M, Skiba U, Sutton MA, Neil Cape J, Reis S, Sheppard LJ, Jenkins A, Grizzetti B, Galloway JN, Vitousek P, Leach A, Bouwman AF, Butterbach-Bahl K, Dentener F, Stevenson D, Amann M, Voss M, 2013. The global nitrogen cycle in the twenty-first century. Philosophical Transactions of the Royal Society B Biological Sciences 368(1621), 20130164; http://dx.doi.org/ 10.1098/rstb.2013.0164.

Galloway JN, Cowling EB. 2002 Reactive nitrogen and the world: 200 years of change. Ambio 31 : 64–71.

Galloway JN, Townsend AR, Erisman JW, Bekunda M, Cai Z, Freney JR, Martinelli LA, Seitzinger SP, Sutton MA. 2008. Transformation of the nitrogen cycle: recent trends, questions, and potential solutions. Science 320, 889–892. doi: 10.1126/

science. 1136674.

Garnett T, Appleby MC, Balmford A, Bateman IJ, Benton TG, Bloomer P, Burlingame B, Dawkins M, Dolan L, Fraser D, Herrero M, Hoffmann I, Smith P, Thornton PK, Toulmin C, Vermeulen SJ, Godfray HCJ. 2013 Sustainable Intensification in Agriculture: Premises and Policies. Science 341 : 33–34.

Garnett T, Roos E, Little D. 2015. Lean, Green, Mean. Obscene...? What is efficiency? And is it sustainable? FCRN Food Climate Research Network, University of Oxford, UK. 48 pp. 43

Herridge DF, Peoples MB, Boddey RM. 2008. Global inputs of biological nitrogen fixation in agricultural systems. Plant and Soil 311 : 1–18.

Johnston AE, Poulton PR. 2009. Nitrogen in Agriculture: An Overview and Definitions of Nitrogen Use Efficiency, Proceedings International Fertiliser Society 651, York, UK.

Kamau DM, Spiertz JHJ, Oenema O, Owuor PO. 2008. Productivity and nitrogen use of tea plantations in relation to plant age and genotype–density combinations. Field Crops Research 108 : 60–70.

Kamau DM, Spiertz JHJ, Oenema O, Owuor PO. 2012. Changes in soil properties following conversion of forests into intensively managed Camellia sinensis L. plantations along a chronosequence. International Journal of Tea Sciences 8 : 3–12.

Ladha JK, Pathak H, Krupnik TJ, Six J, van Kessel C. 2005. Efficiency of Fertilizer Nitrogen in Cereal Production: Retrospects and Prospects. Advances in Agronomy 87 : 85–156.

Lassaletta L, Billen G, Grizzetti B, Anglade J, Garnier J. 2014a. 50 year trends in nitrogen use efficiency of world cropping systems: the relationship between yield and nitrogen input to cropland. Environmental Research Letters 9, 105011. doi:10.1088/1748–9326/9/10/105011

Lassaletta L, Billen G, Grizzetti B, Garnier J, Leach AM, Galloway JN. 2014b. Food and feed trade as a driver in the global nitrogen cycle: 50-year trends. Biogeochemistry 118 : 225–241.

Ledgard SF, Douglas JA, Follett JM, Sprosen MS. 1992. Influence of time of application on the utilization of nitrogen fertilizer by asparagus, estimated using 15N. Plant and Soil 147 : 41–47

Ma L, Velthof GL, Wang FH, Qin W, Zhang WF, Liu Z, Zhang Y, Wei J, Lesschen JP, Ma W, Oenema O, Zhang FS. 2012. Nitrogen and phosphorus use efficiencies and losses in the food chain in China at regional scales in 1980 and 2005. Science of the Total Environment 434 : 51–61.

Ma L, Wang F, Zhang W, Ma W, Velthof GL, Qin W, Oenema O, Zhang F. 2014. Environmental assessment of management options for nutrient flows in the food chain in China. Environmental Science & Technology 47 : 7 260–7 268.

Macdonald A, Poulton P, Powlson D. 2015. Report of the Rothamsted long-term experiments. Electronic Rothamsted Archive, e-RA http://www.rothamsted.ac.uk/era.

Mosier AR, Syers JK, Freney JR (Eds). 2004. Agriculture and the Nitrogen Cycle. Assessing the Impacts of Fertilizer Use on Food Production and the Environment. SCOPE 65. Island Press.

Mueller ND, Gerber JS, Johnston M, Ray DK, Ramankutty N, Foley JA. 2012. Closing yield gaps through nutrient and water management. Nature 490,254–257 doi:10.1038/nature11420. 44

Nevens F, Verbruggen I, Reheul D, Hofman G. 2005. Farm gate nitrogen surpluses and nitrogen use efficiency of specialized dairy farms in Flanders: Evolution and future goals. Agricultural Systems 88 : 142–155.

OECD. 2015 Agri-environmental indicators. OECD Compendium of Agri-environmental Indicators. www.oecd.org/tad/env/indicators

Oenema O, Witzke HP, Klimont Z, Lesschen JP, Velthof GL. 2009. Integrated assessment of promising measures to decrease nitrogen losses from agriculture in EU-27. Agriculture,

Ecosystems & Environment, 133 : 280–288.

Oenema J. 2013. Transitions in nutrient management on dairy farms in The Netherlands, PhD thesis, Wageningen University.

Postma R, van Erp PJ. 2000. Nitrogen fertilization of ware potatoes by drip fertigation. Meststoffen 2000 : 36–44.

Powell JM, Gourley CJP, Rotz CA, Weaver DM. 2010. Nitrogen use efficiency: A potential performance indicator and policy tool for dairy farms. Environmental Science & Policy 13 : 217–228.

Ruiz-Ramos M, Gabriel JL, Vázquez N, Quemada M. 2011. Simulation of nitrate leaching in a vulnerable zone: effect of irrigation water and organic manure application. Spanish Journal of Agricultural Research. 9 : 924–937.

Sanchez PA. 2002. Soil fertility and hunger in Africa. Science 295 : 2 019–2 020.

Schlesinger WH, Bernhardt ES. 2013. Biogeochemistry: an analysis of global change. Amsterdam, Elsevier. 688 pp

SDSN. 2013. Solutions for sustainable agriculture and food systems. Technical report for the post-2015 development agenda. Sustainable Development Solutions Network (SDSN), New York, 99 p. http://unsdsn.org/resources/publication/type/ thematic-network-reports/

SDSN. 2015. Indicators and a monitoring framework for sustainable development goals: launching a data revolution for the SDGs. Sustainable Development Solutions Network (SDSN), New York. http://unsdsn.org/resources/publications/indicators/

Smil V. 2000. Enriching the Earth: Fritz Haber, Carl Bosch, and the Transformation of World Food Production. Cambridge: MIT Press, 2004. 360 pp.

Steffen W, Richardson K, Rockström J, Cornell SE, Fetzer I, Bennett EM, Sörlin S. 2015

Planetary boundaries: Guiding human development on a changing planet. Science 347, 6223. 10.1126/science.1259855. 45

Sutton MA, Howard CM, Erisman JW, Billen G, Bleeker A, Grennfelt P, van Grinsven H, Grizzetti B (Eds). 2011. The European Nitrogen Assessment: sources, effects and policy perspectives. Cambridge University Press.

Sutton MA, Bleeker A, Howard CM, Bekunda M, Grizzetti B, de Vries W, van Grinsven HJM, Abrol YP, Adhya TK, Billen G, Davidson EA, Datta A, Diaz R, Erisman JW, Liu XJ, Oenema O, Palm C, Raghuram N, Reis S, Scholz RW, Sims T, Westhoek H & Zhang FS. 2013. Our Nutrient World: The challenge to produce more food and energy with less pollution. Global Overview of Nutrient Management. Global Overview of

Nutrient Management. Published by CEH Edinburgh & UNEP Nairobi.

Van Dijk KC, Lesschen JP, Oenema O. 2016. Phosphorus flows and balances of the European Union Member States. Science of the Total Environment 542 B, 1 078–1 093.

Westhoek H, Lesschen JP, Rood T, Wagner S, De Marco A, Murphy-Bockern D, Leip A, van Grinsven H, Sutton MA, Oenema O. 2014. Food choices, health and environment: Effects of cutting Europe's meat and dairy intake. Global Environmental Change 26,196–205. http://dx.doi.org/10.1016/j.gloenvcha.2014.02.004

Zhang X, Davidson EA, Mauzerall DL, Searchinger TD, Dumas P, Shen Y. 2015. Managing nitrogen for sustainable development. Nature 528, 51–59. doi:10.1038/nature15：743.

附录1　作物生产中的氮素利用效率指标，谷物的指示性目标水平（Dobman，2007）

指数	计算方法	释义	谷物目标水平
RE= 氮肥施用的表观回收率（每千克施氮量被作物吸收的千克数）	RE=$(U_N- U_0)/F_N$	• RE 取决于植物对氮的需求与肥料氮释放之间的一致性。 • RE 受施肥方法（数量、时间、位置、形态）和作物基因型的影响	0.5~0.7kg/kg； 在管理良好且氮肥用量较低的系统中：0.7~0.9kg/kg
PE= 氮肥施用的生理利用率（每增加的千克吸氮量所增加的产量千克数）	PE= $(Y_N-Y_0)/(U_N- U_0)$	• 植物从肥料氮转化为经济产量的能力 • 取决于作物基因型（C4>C3 作物、收获指数）、环境与管理 • 过低的 PE 表明施肥不平衡：过量施用氮肥或缺乏其他养分或有矿物质毒害作用 • 高 PE 表现出内部氮素利用效率较高	40~60kg/kg； 在管理良好且氮肥用量较低的系统中：>50kg/kg
IE= 内部氮的利用效率（每千克吸氮量产生的产量千克数）	IE= Y / UN	• 植物从所有氮源转化为经济产量的能力 • 取决于基因型、环境和管理 • 极高的 IE 表明氮缺乏 • 低的 IE 表明由于其它胁迫（养分缺乏、干旱胁迫、热胁迫、矿物毒性、害虫）导致的内部氮转化率较差	40~60 kg/kg； 在管理良好且氮肥用量较低的系统中：>50kg/kg

指数	计算方法	释义	谷物目标水平
AE= 氮肥的农学效率（每千克施氮量增加的产量千克数）	$AE = (Y_N - Y_0)/F$ or $AE = RE * PE$	• 从肥料中回收氮的产量（RE）和植物利用的单位添加氮的效率（PE） • 取决于影响 RE 和 PE 的管理实践	$10 \sim 30 kg/kg$； 在管理良好且氮肥用量较低的系统中： $> 25 kg/kg$
PEP= 氮肥的偏生产力（每千克施氮量所产生的收获物千克数）	$PFP = Y/F$ or $PFP = Y_0/F + AE$	• 对农民来说很重要，因为它综合了本底氮和施用氮的利用效率 • 高土壤本底氮（Y_0）和高 AE 对 PEP 同等重要	$40 \sim 80 kg/kg$； 在管理良好且氮肥用量较低的系统中： $> 60 kg/kg$

注：F= 氮肥施用数量，kg/hm^2。

Y_0= 不施氮肥的对照处理的作物产量，kg/hm^2。

Y_N= 施用氮肥的作物产量，kg/hm^2。

U_0= 不施氮肥情况下，成熟期作物地上部分的总氮吸收量，kg/hm^2。

U_N= 施氮肥情况下，成熟期作物地上部分的总氮吸收量，kg/hm^2。

附录 2　欧盟统计局 / 经合组织（2013）估算表观氮平衡（GNB）的现行方法、"理想方法"和"实际方法"的比较

现行的 GNB	理想的 GNB	实际的 GNB
输　入		
N1）矿物肥料 N2）有机肥产品 N3）净有机肥输入 / 输出，移走，积累 N4）其他有机肥料 N5）生物固氮 N6）大气氮沉降 N7）种子和植物材料	N1）矿物肥料 N2）有机肥产品 N3）净有机肥输入 / 输出，移走，积累 N4）其他有机肥料 N5）生物固氮 N6）大气氮沉降 N7）种子和植物材料 N8）作物残茬输入	N1）矿物肥料 N2）有机肥产品 N3）净有机肥输入 / 输出，移走，积累 N4）其他有机肥料 N5）生物固氮 N6）大气氮沉降 N7）种子和植物材料
N9）总输入 =N1+N2+N3+ N4+N5+N6+N7	N10）总输入 =N1+N2+N3+N4+N5+ N6+N7+N8	N11）总输入 =N1+N2+N3+N4+N5+ N6+N7
输　出		
N12）作物产品 N13）饲料产品 N14）作物残茬输出	N12）作物产品 N13）饲料产品 N14）作物残茬输出 N15）土壤存储 N 的变化	N12）作物产品 N13）饲料产品 N16）残茬移走 / 焚烧
N17）总输出 =N12+N13+N14	N18）总输出 =N12+N13+N14+N15	N19）总输出 =N12+N13+N16
盈　余		
N20）GNS=N9-N17	N21）GNS=N10-N18 N22）aGNS=N$_{气体排放}$ N23）hGNS=N21-N22	N24）GNS=N11-N19 N22）aGNS=N$_{气体排放}$ N23）hGNS=N24-N22

译者的话

氮素是生命循环最重要的元素之一，也是生命元素中最活跃的营养元素。20世纪50年代以后，由于合成氮肥的大量施用，彻底改变了地球上的氮素循环。人们利用合成氮肥生产了更多的粮食，满足了地球上日益增加的人口需求。同时，过多的氮素也给环境造成了巨大的压力。因此，提高氮素利用率、减少氮素对环境的影响成为了社会的共识。

一方面需要更多的粮食，另一方面又要保护环境。统一这对矛盾的唯一方法就是寻求一个双方平衡的氮素利用率。欧盟氮素专家组在这方面做了大量的工作，于2015年编写了第一份报告，即《氮素利用效率（Nitrogen Use Efficiency）》。它对评价和监测土壤的氮素利用效率有极其重要的意义。笔者在一次会议上见到了这份报告，觉得有必要将其翻译为中文，以便能使我们更好地理解、测算和改进氮素利用率。

该报告中介绍的方法较为简单，易于测算，同时还能避免由于氮素利用率不当所引起对氮肥使用的误解。再则，利用这种氮素利用率计算方法可以估算不同尺度生产单位的氮素利用率，也可进行相互比较，找出氮肥施用存在的问题与不足，以便于改进和提高。

需要注意的是，在这个方法中，土壤氮素本底值也是影响氮素利用率的关键因素。当土壤氮素本底值较高时，由于土壤氮的矿化，可能会产生较高的氮素利用率；当土壤氮素本底值较低时，施用氮肥除了供给植物生长所需要的养分外，还要一部分氮素累积在土壤中，以培肥土壤。所以，采用这种方法研究氮素利用率时，首先需对土壤的氮素本底值有一个充分的了解。同时还必须研究不同土壤、不同地区和不同气候条件下的适宜土壤氮素本底值，以确定不同土壤、不同作物以及在不同气候条件下的适宜氮素利用率。

本报告的翻译得到了欧盟氮素专家组 Oene. Oenema 的许可，在翻译过程得到了中国植物营养与肥料学会和中国农业科学院农业资源与农业区划研究所的大力支持。金继运、卢艳丽、王磊、程明芳、杨俐苹等给予了很大帮助。研究生周丽平、张静静、张银杰、李格等也参加了文稿的校对。

由于本人水平有限，很难准确表达原文意涵，如有异议，读者可参考欧盟氮素专家组官网的原文，其网址是：www. eunep.com。请广大读者多提宝贵意见。

白由路

2018 年 7 月